维 系 理 想

——基于现存模具对龙凤花烛的文化探究

郭友南 著

浙江工商大学出版社
ZHEJIANG GONGSHANG UNIVERSITY PRESS

图书在版编目(CIP)数据

维系理想：基于现存模具对龙凤花烛的文化探究 /
郭友南著. — 杭州：浙江工商大学出版社，2017.1

ISBN 978-7-5178-1385-9

Ⅰ. ①维… Ⅱ. ①郭… Ⅲ. ①蜡烛－工艺美术－文化
研究－中国 Ⅳ. ①TS939

中国版本图书馆 CIP 数据核字(2015)第 270039 号

维系理想——基于现存模具对龙凤花烛的文化探究

郭友南 著

责任编辑	穆静雯　潘　啸
责任校对	周晓竹
封面设计	林朦朦
责任印制	包建辉
出版发行	浙江工商大学出版社
	（杭州市教工路 198 号　邮政编码 310012）
	（E-mail：zjgsupress@163.com）
	（网址：http://www.zjgsupress.com）
	电话：0571－88904980，88831806（传真）
排　　版	杭州朝曦图文设计有限公司
印　　刷	杭州五象印务有限公司
开　　本	710mm×1000mm　1/16
印　　张	10.25
字　　数	200 千
版印次	2017 年 1 月第 1 版　2017 年 1 月第 1 次印刷
书　　号	ISBN 978-7-5178-1385-9
定　　价	26.00 元

序　言

　　我与友南先生为多年的同事，常在一起不分时日地无话不谈。早在一年前，我们就聊过嘉兴新塍的民间绝活龙凤花烛，包括其精湛绝伦的手工艺和熠熠炫彩的诱人魅力，却没想到他已经在这个话题上走得这么深，直到近日提出要我写序，我才恍然。我拜读了书稿，并斗胆写上几句算作序。

　　友南君洋洋洒洒十余万字，深耕下去且感慨万千，忧虑、感伤，有所担当之为实令在下感动。但是，大凡读过现代艺术史的人都知道，现代艺术的精神源自一种"焦虑"的文化，一种基于"焦虑"且意欲突破的英雄主义亢奋，一种由于生命关联而期待获得慰藉地创造"乌托邦"的冲动。在传统的农耕社会，人们把自己的精神交给"上帝"来管理，认为只要不断祈祷，就可以被赐予田园诗般悠缓的生活，人们乐醉于其中，天下如此清澈透明，一切尽在"把握"之中。然而，对于个体自我的心灵来讲，现代工业社会兴起所带来的是危机四伏，似乎一切现实都不像想象之中的那样，似乎一切都难如人意，整个精神处于一片混沌之中。现实不可能为个体自我而设计，生产方式的转换必然产生切肤之痛。而现代社会进程不可抗拒，生产方式转换必然带来一系列诸如物质、科技、文化生活、伦理道德、社会规则与秩序等相关存在状态及其运行规律的变化，并且这一切会冷漠地按照优胜劣汰的方式延展下去，这是自然规律。

　　然而，现实与人的情感往往是矛盾的两极，尤其人的精神在现代进程的尴尬中必然驱动怀旧情结，且进程的速度愈快，其驱动的引力则愈大。特别是非物质文化遗产日渐式微，甚至进入尾声阶段，所以这种反弹会愈强，愈发表现出更加动人的乐章。

　　我在书稿中深深感受到友南的情怀、执着和无奈，对有关当下现代文化与民族传统瑰宝——非物质文化遗产的思辨，对现实机制与人们文化趣味走向的批判，对非物质文化遗产的传承，对中国民间传说典籍的梳理汇编，以及对植根于土壤且具有代表性的民间工艺绝活的发掘、源流的追溯等，无论作者如何带有激情地做着一系列执着与努力，都很难从根本上改变这一状态。友南惋惜、焦虑，惜听着这远去的声音，细微、屡弱，也曾设计出一系列现代转型的"突围"策略，呼唤这种具有泥土气息的芳香再度芬芳。我为友南的作为所感动。

现代社会发展的车轮仍在加速度前行,很多传承千年的民间手工艺正在遭遇洗劫,日渐式微,非物质文化遗产的保护、发掘与传承迫在眉睫。如作者所言,"此后的一个多世纪,中国传统文化遭遇到内、外两方面的巨大挑战,很多传承千年的民间手艺已经荡然无存。然而中国文化传统巨大、多样和长期的储备,即便是到了今天,不管你见识怎样广阔,只要到九州大地的田野民间里走一走,仍然会发现从未见过的美妙至极的手工艺,其手艺蕴藏的睿智和精巧定令你称奇"。当下,有心的文化人都会敏感于身边潜在闪烁着的瑰宝。他们有热情,但其力量和能力还远远不足。所以这需要唤起全社会的共同关心与呵护,需要专业人士倾心尽力、用心使力地发掘与传承,但同时还需要注意在热心的保护中,避免发生"撕裂性的保护"与"保护性的撕裂"。更重要的是,在当代社会背景下,非物质文化遗产应该找到像生物体一样能够自身维系的"造血"功能,得以传承下去,永远成为民族的骄傲和睿智的结晶。用作者曾经说过的一句话,就是:"与其说我们在维系着一个(或一种)文化载体,不如说是在维系理想,一种几千年来中华民族所共同编织的理想。"

袁献民

2015-06-08

前　言

——手艺的国度

　　中国的手艺在数量和质量上都可以说是冠绝全球。其缘故，一是华夏历史悠久，文明传承数千年来从未中断。"工之后恒为工，农之后恒为农"的传承方式直到近现代才开始消失，几千年所积累的手艺绝活数不胜数。二是民族众多，地域多样。也正是由于地域的复杂多样，各个地域之间的相对独立，其手艺的传承不受外来干扰，自然就得以延续。三是文明灿烂，人文积累深厚。人文的积累在各个朝代得到保护和延续，使得国人的文化自觉得到传承，一直到19世纪中叶。此后的一个多世纪，中国传统文化遭遇到内、外两方面的巨大挑战，很多传承千年的民间手艺已经荡然无存。然而中国传统文化有巨大、多样和长期的储备，即便是到了今天，不管你见识怎样广阔，只要到九州大地的田野民间里走一走，仍然会发现从未见过的美妙至极的手工艺，其手艺蕴藏的睿智和精巧定令你称奇。

　　不可否认，今天的中国仍然是个极为优秀的手艺的国度，这是一件值得庆幸的事情。也就是说，我们仍能有幸看到传统文化传承而来的手艺及其工艺品。写这本书的目的就是要把我亲眼所见的"龙凤花烛"这一传统手艺进行记录并且广而告之，以引起读者特别是年轻人的兴趣，因为年轻人才是中国文化的传承者。今天，机械作业过于发达和盛行，既给人类带来巨大的物质财富，使得整个社会以前所未有的高速向前发展，同时也带来了如个性的丧失、人性的淡漠、精神的焦虑、自然环境的破坏等社会问题。因此，各个国家都开始为复苏手工技艺而努力。为什么在机械作业的同时，手工艺也是必要的呢？在所有的人类产品中，有很多是机械不能制作的。假如将所有产品都交付给机械来完成，这将会导致各个国家民族具有文化特色的产品变得贫乏，同时也会使所有产品同质化。千百年来人类对自然及其材料的改造以手工艺品的形式呈现，承载着每个民族的文化和审美的全部。天然材料是人和现实生活的桥梁，有助于重申手工和材料的特殊性，能够唤起人们对物和人本身的尊重。遗憾的是，机械自诞生开始大多被用来逐利，其产品的粗制滥造也在所难免。而且，在机械制作的过程中，人在使用机器时，其行为和思想是由机器所指挥、控制或限制的，人的种种乐趣和创新被剥夺了。为了弥补工业同质化所带来的这些欠缺，手工技艺无论如何都必须得到保护和发扬。

通常情况下，手工艺产品的显著特点是能够表现浓郁的民族特色，这些器物被手艺人从容、踏实而细致地制造出来。在这里，自由和责任得到了保证，因为这样的工作伴随着快乐，同时还能显现出创造力。这就是为什么把手工作业看成最适宜于人类的工作形式，同时手工艺产品也真正体现出手工的最大特性。假如没有这样的人类工作，这个世界将会怎样？至少会缺失很多美的东西，更重要的是缺失了人类存在过的确证。在各个国家积极发展机械作业的同时，关注手工技艺应该是理所当然的，以至于近现代在东西方说起"手工制作"，就意味着"优质""高价"，其本身就有对人类双手应有的信任与尊重的含义。

与很多国家相比，中国仍然是一个保持着手工艺的国度。拥有各自特色的产品至今还在用手工制作，例如雕塑手工艺、印染手工艺、织锦手工艺、陶瓷手工艺、刺绣手工艺等等。像中国这样手工艺门类如此齐全且依然存在的国度，放眼世界难寻其二。

近几年来，虽然中国政府在执行层面开始重视对非物质文化遗产的保护，然而保护过程中的"撕裂性的保护"与"保护性的撕裂"却时常出现。执行层始终没有意识到普及手工艺之重要性和根本性。与此同时，认为手工艺已过时的想法越来越盛，加之现在浮躁的社会环境，很多人不愿意从事手工艺，特别是年轻人对传统手工艺缺乏兴趣，甚至连最基本的尊重都忘记了。长此以往，手工艺就会萎缩和衰退。为了保护中国之美，我们应该进行更多手工艺历史的教育，更加清楚地认识其精髓，并使之优化，这才是我们的义务所在。

大自然赋予人类双手，手工艺是心和情感的传达，与机器有着根本的区别，所以手工艺的作业不是简单纯粹的手工劳作，而是心之劳作，它与心、爱、情感相关联，使手工艺制品不仅充满了劳动的快乐，更是被赋予了美之性质的要素。手工艺制品或者说手工劳作，对于一个民族和国家如此重要，大家都有必要来思索一下。

目　　录

第一章　手工艺的感悟

　　手工艺,民间称为"手艺",即用手工从事的艺术或技艺,又与"民俗艺术""民间美术""民间工艺""民间技艺"等有很强关联性。其从业者就是手艺人,范围很广,七十二行均能纳入其列。日本学者柳宗悦先生将其称为"民艺",在此我更倾向中国传统的说法——手艺。在中国传统理念中,学手艺是人生关键的一步,手艺是立身立业之本,这种称谓更加质朴、本分、通俗和生活化。手艺,从字面解释,即民间的手工技艺,普通民众日常使用的器物但凡是手工制作而成的,这种手工技艺就是手艺,以此为生且娴于一技的人便被称为手艺人。中国传统民间生活中必需的日常用品,如衣服、车辆、住宅、餐具、家具、文具等均离不开手艺和手艺人,庖丁也是手艺人的典范。

一、中国文化中的 DNA

　　民间文化是中华文明最为广阔的组成部分,这是一个巨大的文化宝库,她的深厚蕴藏来自数千年的传承和积淀,也由此凝练出了中国人的文化基因。今天的中国文化正遭遇着前所未有的外来文化的冲击以及国人在文化归属上的迷失。一个民族要发展自己,在发展过程中绝不能迷失自己,不仅要注重经济上的 GDP,更要注重本民族文化中的 DNA。那么哪些是中国文化中 DNA 的密码呢?

　　第一,它的内容是理想主义的。民间艺术品主要表现了人们的生活理想与精神依托。理想主义的艺术都具有浪漫成分。可以说民间艺术(尤其是乡土美术)不是现实和写实的艺术,而是浪漫主义情感的表现。典型代表:渔民画(图 1-1-1)。

　　第二,它包括人与人的和谐,人与社会的融和,人对信仰的虔诚,人与自然的"天人合一"。民间文化离不开团圆、祥和、平安和富裕这些概念,这是民俗的终极追求,也是中国传统民间文化亘古不变的主题。典型代表:龙凤花烛(图 1-1-2)。

图 1-1-1　舟山渔民画

图 1-1-2　龙凤花烛

第三,民间艺术有自己独特的审美体系。这种理想主义的艺术,在表达方式上是情感化、戏剧化和浪漫主义化的,在艺术手段上主要采用象征、夸张、拟人等,在色彩上则是独有的生生观和五行观的表现。由于民间技艺多用于生活装饰,符号化和图案化是其重要特征之一,而且会广泛地使用与语言相关的谐音图像,这是我国民间技艺最具文化内涵与审美趣味的方式。典型代表:广州陈家祠(图 1-1-3)。

图 1-1-3　广州陈家祠建筑上的粉塑

第四，我国民间技艺具有地域性，在地域性方面又体现出丰富的多样性。传统的民间手艺（尤其是乡土民间技艺）是在各自封闭的环境中渐渐形成的，有趣的是，正是这种封闭的环境才造就了我国独特的民间艺术。典型代表：安徽西递古建筑（图1-1-4），贵州苗寨里的传统手工技艺。不同民族和地域的不同历史、人文、自然条件，致使各地的乡土民艺有其独特的表现题材、艺术方式与审美形态。在全球化时代的今天，这种地域个性鲜明的艺术形式，可以说是我国独有的文化财富。

第五，还有至关重要的一点就是其手工的特性。手工劳作是一种身体行为，手工艺是人的情感和生命行为。手工艺产品也直接

图1-1-4　安徽西递古建筑

体现了手艺人的生命情感，这是机器制作所没有的。在进入工业化时代的今天，手工技艺究其本身就是一种重要的遗产。

二、手工艺的特色

我们把手工艺看作忠于生活且质朴的技艺，而手工艺制品则是我们日常生活中最好的伴侣，使用方便且价格实惠，也是越使用越具有亲切感的物品。自然、质朴、简洁、结实、安全是民间手工艺的属性，也是品质。

第一，生活职能。手艺来源于民间，即村庄、村镇、城镇、城市等，作为民间日常生活用品，每项手艺都有自己的"生活岗位"，其为生活服务和为手艺人提供生活来源的特色是首要的。

第二，祈福求吉。民间工艺品与皇家贵族工艺品两者之间虽有着明显的差异——主要是两者所使用材料的稀缺性和制作成本方面展现出的巨大差异，但在祈福求吉上却保持着一致性。这与中国人对美好生活憧憬有关，也是对自身命运不可预料并缺乏安全感的表现。

第三，种类丰富。截止到2009年，传统手工艺入选国家、省、市、县四级非物质文化遗产保护名录体系的项目达8600余项。在非物质文化遗产保护名录体系中，传统手工艺品类丰富，涉及9个门类180多个品种。[1]58

新中国成立以来，民间工艺品主要以外销为主，且外销产值始终处于上升趋势。1952年外销产值为0.33亿元；1973年为14亿元，占当年全行业工业总产值的87.6%；1979年为26亿元，占69%；2004年为789亿元；

2006年上升至1420亿元。直到2004年,我国工艺美术产业内销开始超过外销,具有传统文化内涵的工艺品,如紫砂壶、木雕、硬木家具、玉器、首饰、艺术陶瓷等国内市场的需求不断加大。2012年上半年,我国工艺美术品制造工业企业达3373家,行业总资产达2445亿元。从某种程度上来看,这体现了民间富裕程度和文化消费的提升。

再看手艺现今的遭遇。首先是文化自觉的丧失,这与中国近两百年的社会巨震有关,社会的安定时期不足一个世纪,人们在文化自觉上没有足够的培育时间。其次便是传承的难以维系,社会的巨震和生活方式的巨大变更,特别是大规模人口流动和迁移势必造成文化生态的破坏,手艺人很难适应巨变的环境,迫于生存不得不另寻谋生途径。最后是传统文化创意不足。相当长一段时期里,伴随工业化、现代化发展,人们的生产方式、生活方式、消费意识和生活观念发生改变,手工艺的传承和应用受到冲击。虽然很多民间自发或官方组织手艺人抱团取暖,谋取生存,但是现实中传统手艺人年岁增长和精力下降,民间手艺资源的新鲜血液得不到补充,传统手工艺能够维系存活已属不易,而创新、创意、产业化就更难谈起了,所以如今民间手艺资源流失加剧。据统计,从20世纪70年代到21世纪初我国的764个传统工艺美术品种中,有52.49%的品种陷入濒危状态,有的甚至已经停产。[1]59 这也是我国手工艺发展以外贸为主、内销不足的重要原因。而由国家统购统销、特种工艺为主的发展模式进一步影响了手工艺在日用和文化传承层面的发展。从新的生产结构角度来看,传统手工艺传承的"师徒制"逐渐弱化消解,从父到子、从子到孙的传统生活方式、生活意识与生活习惯等也逐渐弱化,民间传承机制很大程度上被消解,部分传统手工艺因此面临后继无人、人亡艺绝的危机。据统计,1979年至2012年,我国共评出443位中国工艺美术大师,而1979年评出的第一批33位工艺大师中今天仍然健在的只有3位;这443位工艺大师中已有20%的人去世。目前,我国共有3025名高级工艺美术师,仍从事传统工艺美术的仅有20%。[1]60

三、手工艺的必要

(一)审美体验中的"雾霾"

近年来,雾霾天气在我国不少地区频繁出现,尤其是在华北地区的北京、石家庄、郑州等大城市,雾霾天气在冬季几乎成为常态。今天的雾霾,实为昨天的污染累积而成;今天对雾霾的治理,是为明天"雨过天晴云破处"而努力。

如今，人们的审美意识也出现了"雾霾"。与空气中的雾霾形成原因类似，"审美雾霾"也是由种种"污染"积累而成：日常生活用具的劣质、过剩、泛滥、一次性，生活方式上的奢靡风气，以及现在人们普遍浮躁的心态，等等。

这一"审美雾霾"给人们的生活品质带来了很大影响，如现在的人们简单怠慢地看待器物的习惯，对自身文化归属的迷茫，以及对传统文化特色的审美价值观语境中一些最基本、最普遍、最理想的要素产生了动摇与缺失。过去的人们，十分珍惜手工器物，小心翼翼地与之相处，时间久了自然就会移情其中从而更加难以割舍。当然，这与当时手工器物数量较少和人们对自然有所敬畏等原因有关。但是，笔者认为手工器物所具有的品质和格调，也是人们产生这种情怀的原因之一。人们在欣赏和使用手工器物的过程中，对手工器物的审美意识也会渐渐明晰和强烈起来。作为生活的伴侣，手工器物不仅能够唤起人们的亲切感与眷恋之情，还能培养人们的审美意识。

（二）在使用中体验美感

当下，我们总是习惯性地从观赏的角度来进行审美体验。绘画、雕塑、建筑、装饰等观赏性艺术作品和视觉性器物，成为人们主要的审美对象，即从观赏中产生美感，而忽略了在使用器物的过程中也会产生体验愉悦，也就是说产生美感。这种观赏性审美的结果是审美与现实生活的隔离。人们仅限于从观赏的角度来进行审美，而不再结合日常生活，在使用和体验器物的过程中来体验、品味美，这就是现代人所忽略的审美体验和审美途径。实际上，在日常生活中进行审美体验，没有比使用器物更好的了。如果平时我们在使用器物的过程中过于简单和怠慢，那么我们就会缺失一种体验之美。也就是说，如果审美与日常生活相脱离，则人类的审美意识就会削弱。为了使美在这个世间得以丰富和完善，加深人们心灵上对美的向往和审美多样化，我们可以凸显手工艺以增加这种在日常生活中审美的机会，在使用手工艺制品中体验美感，这样，人们就会更加珍视手工艺而不是只从观赏的角度去欣赏美。如此一来，我们的心境也会随之安静和沉淀，也只有这种经历和心态才能体验到审美中的另一种愉悦。保持这种心境还会令人少些浮躁，多些平常心。因此，我认为接触和使用手工艺制品是人们在日常生活产生美感的契机。

（三）手艺与国家安全

传统手工艺资源严重流失会危及民族文化。从国家层面看，本土保护和发展不足，会造成手工艺资源流失，不仅使手工艺本身包含的民俗、审美等文化凝聚力被消解和替代，甚至可能使本土的文化载体沦为其他价值观传播的媒介和工具，导致传统文化载体"空心化"，危及国家文化安全。有学者认为此论调是危言耸听，认为多元文化同时性地发生，竞技魅力，优胜劣汰，适者生存，才是常理。我们且以几年前曾风靡一时的美国大片《花木兰》《功夫熊猫》为例，这些大片均以中国传统文化形象为题材，经好莱坞再创作，不仅赚取了票房，而且经过其创意和传播，原本的经典中国传统文化形象已经被置换，且植入了美国文化价值观。西方强势文化的生活方式、消费方式、生产方式以及社会心理、价值观植入中国传统、经典文化样式之中，发挥其教化、审美、消费等功能，在表层的娱乐传媒之下，实际上是一种心理渗透和侵蚀，并进一步导致我国民族文化的自我边缘化。现在有多少中国的孩子既要美国式的自由，又要中国式的宠爱，却没有美国孩子的独立，又缺失中国传统的孝道。据数据显示，大部分 40 岁以下人员不愿意从事民间技艺这个行业，专业院校毕业生加入传统工艺美术领域的不足 1％，高级工艺师仍在从事传统工艺的不足 20％。真正从核心层面上，从创新发展的意义上，从民族精神高度发展传统手工艺，参与国际竞争，需要教育、研发、创意等众多人员共同参与，并切实壮大手工艺从业者队伍，因此维护民族文化安全势在必行，并且任重道远。

四、手工艺的目标

笔者如此关心民间手工艺，是出于两个理由：其一是被手工艺蕴藏之美所打动，其二是笔者正在思考、探讨手工艺之美。今天，在手艺的国度，民间传统手工艺的命运逐渐衰微，我们必须面对现实思考，做出正确的判断、计划和方法。例如，以往的手工艺现在还保留多少？这些手工艺作品为什么能保存？具有哪些特性？通过哪些形式得以继承？运用了哪些方法使之不衰？为什么能够成为美的作品？

同时，我们还要思考，为什么自古以来卓越的工艺品和使用久远的日常器物大多出自民间手工艺？为什么设计制作者多为平凡的民间手艺人？为什么对我们来说是不可思议的作品，民间手艺人却觉得是习以为常？为什么民间手艺人们对自己所做的作品并不认为值得夸耀？为什么大量手工艺品上没有名款，算是无名氏的作品？……也许只有民间手艺人平凡而自然地制作，才会有人们平凡而自然地使用。

第二章　历史的记忆

——龙凤花烛产生的背景

一、龙凤花烛产生的背景

(一)江南

对于很多人来说,江南不仅仅是一个地理概念,而且是文化概念或者是富庶之地。确实,江南凭借自身优越的文化底蕴和地理环境,在经济、文化方面长期处于全国前列(至少从明代起)。那么,江南到底在哪？它的具体区域和名称的渊源又是如何？

江南在历史上是一个不断变更的概念。唐太宗贞观元年(627)始设立江南道。唐玄宗开元二十一年(733)分江南道为江南东道、江南西道和黔中道三个行政区,其中江南东道"理苏州"(《旧唐书·地理志一》),辖今江苏省苏南地区、上海市、浙江省全境、福建省大部分地区及安徽省徽州市。由此可见,"江南"最早在唐朝时已由政府来划定区域并命名了。因此这个"江南"在世人心中具有不容怀疑的权威性和持久的影响力。另外,就经济和文化中心区域的发展变化来看,江南的历史可以分为洞庭湖中心期、太湖中心期以及二者的并行期。至两宋时,太湖区域的人口总数、粮食产量以及科举考试等方面均明显领先于洞庭湖区域。到明清时期,太湖区域已经完全取代洞庭湖区域而成为江南的"腹地"。

当下学者大多认为明清时期的江南就是太湖流域及其周边地域,即包括江宁(今南京)、润州(今镇江)、常州、苏州、松江、嘉兴、湖州、杭州、绍兴、明州(今宁波)等在内的"江南十府"。如王家范从明清时期区域经济的角度来界定江南,认为江南是以苏州、杭州为中心的苏松常、杭嘉湖市场网络区。[4]日本学者斯波义信的"地文—生态地域"说认为"经济史研究中的明清江南,应指苏、松、常、镇、宁、杭、嘉、湖八府及太仓州所构成的经济区"[5],其主要原因是这一地区"在地理、水文、自然生态以及经济联系等方面形成了一个整体，从而构成了一个比较完整的经济区"[6]。综上，从地理、地域、历史、文化、经济角度讲，嘉兴地区处在江南"腹地"的"腹心"位置是显而易见的。

（二）文化特征

考古成果表明，马家浜文化发展到崧泽文化这一阶段，女性的地位十分突出，而且社会发展比较平稳，没有出现象征社会地位和权力的器物。这一状况往往被考古学界简单理解为母系社会女性特殊社会地位的表现。其实不然，北方文化源头时期也经历过母系社会，但为什么在文化精神上与江南文化中呈现出的女性特征相去甚远呢？除了地理、气候、人种等客观因素上的差异外，还应该和江南文化源头时期女性社会地位突出相关。马家浜文化遗址中的玉器，磨制精美，既是原始社会时期先民对灵物或某种自然崇拜的物化写照，揭开中华民族 7000 年玉文化的序幕，同时，也体现了江南文化特有的思维模式，"是一种完全不同于狰狞、冷漠的北方青铜文明的文化品质"①。江南文化源头中的女性突出地位直接关涉江南地区的古代先民心灵深处精神结构的集体无意识层面。江南地区的古代先民思维中存在着"中国诗性智慧"审美特质，即高度强调美与善、认知与直觉、情与理、有限与无限、人与自然的统一及审美整体性即异质同构审美体验表达，以保持内在生命在精神感受上的那种诗性智慧的永恒与自由，使其周围所充溢的都是生命循环的有序节奏——积极、活泼、生动、快乐、朴素的审美体验。原始先民对母性生殖崇拜的敬畏尊崇，以及母权制度下宽松温和社会的心理认同，积淀凝结成江南文化精神上和审美体验上阴柔宽厚、儒雅精致的女性品格。

在江南文化精神生产方式上，江南文化生产主体"日常生活的审美化"和"审美活动的日常化"生产方式，造就了江南文化精神上细腻精美的审美化、艺术化特征。以日常生活中的饮食为例，如上海菜精致细腻；嘉兴粽子讲究用料和蒸煮；南北口味交融，讲究轻油、轻浆与清淡的杭帮菜注重原汁原味，烹饪时轻油腻轻调料，要求口感鲜嫩，口味纯美，色、香、味俱全；苏州糕点；扬州小吃；等等。如此精致、奢华的饮食文化生产方式，对于素来粗犷放达的北方人民来说，与其说不屑，不如说是对日常生活本身缺乏审美眼光与艺术创作态度。这种日常生活审美化的精致追求与江南文化之源女性地位的优越性是相契合的。

① 张兴龙：《江南都市文化论》，光明日报出版社 2013 年版，第 6 页。

（三）嘉兴

每一个地域有其特有的文化脉络,城镇作为地域文化资源的一个主要载体,在地域文化发展中具有重要地位。提及嘉兴,首先它是一个地理概念:嘉兴地处江苏和浙江两省交会处,是苏、杭、沪三个城市之间的中央地带,可以说是"江南腹心"。嘉兴最早于春秋时期就已被史书记载,古称檇(zuì)李,因其地盛产檇李而得名。檇李是水果中的珍品,果形扁圆,皮色殷红,上缀金黄细点,其果肉鲜润如琥珀,成熟时酒香扑鼻,将皮咬破一点点,就可以一口将里面的果汁一吮而尽,如饮琼浆玉液。传说西施离开越国(今绍兴)前往吴国(今苏州),途经檇李城,吃了几个檇李后,竟然醉眠树下,所以檇李又叫"醉李"。嘉兴也是吴越争战37年中的著名战役——檇李之战的主战场,公元前501年和公元前496年各发生过一场檇李之战,吴越双方各有胜负。嘉兴早在秦时就已经设置由拳县,嘉兴市区至今仍有由拳路和由拳社区。三国时期,由于由拳县野稻自生,东吴孙权以为祥瑞,改由拳为禾兴。吴赤乌五年(242),因太子孙登战死,新太子孙和立,为了避讳,把"禾兴"改成了"嘉兴"。自此,嘉兴的地名正式确立,沿用至今,已有1770多年。

1977年,时任中国科学院考古研究所所长的夏鼐,根据当时长江中下游、太湖流域等地的考古成果,得出了长江流域和黄河流域同是中华民族文化起源的摇篮这一划时代的结论,并且确认了以嘉兴马家浜遗址为代表的马家浜文化是长江下游、太湖流域等地新石器时代早期文化代表。此后,马家浜文化被正式确认为长江下游及太湖地区已发现的最早的新石器文化,距今天6000—7000年。把马家浜文化认定为江南文化之源,其根据在于:首先,稻作被认为是确定江南有无史前文化的重要标志。从已经发现的考古成果来看,众多的长江流域新石器时代遗址大多含有稻作要素,但是在年限上,马家浜文化遗址最早,其水稻同时也是世界上迄今为止发现的最早的栽培水稻。[7]其次,马家浜文化遗址中发现的文化特性对于江南地区具有强大的辐射性,并由此产生了文化共同体。考古成果表明,马家浜文化有一个很大的辐射范围,包括杭嘉湖地区以及苏、锡、常、沪等,例如湖州的邱城,杭州的吴家埠,苏州的越城,吴县的草鞋山,吴江的袁家埭,上海的青浦崧泽,常州的圩墩,武进的潘家塘遗址,等等。由于马家浜遗址在年限上是最早的,又处在这一广阔区域的中心地带上,所以以马家浜文化为源头的环太湖地区人类活动圈出现了文化共同体。经过数千年的传播、交融,长江流域、太湖流域的古代文化才终于形成,并进而发展成为今天的江南文化。

（四）新塍

城镇和人一样拥有记忆，因为它也有完整的生命历史。从胚胎、童年、成长的青年到成熟的今天，这个丰富、充满磨难而独特的过程全都默默地记忆在它巨大的城镇肌体内。一代代人创造了城市后又纷纷离去，却在城市里留下了不可磨灭的记忆。

明清时期，在商品经济繁荣的大背景下，江南地区的城镇大量涌现。六府一州之地（苏州府，常州府，湖州府，杭州府，松江府，嘉兴府以及苏州府管辖的太仓州），有三万余平方公里，星罗棋布地分布着三百余座城镇，代表了我国明清时期城镇发展的最高水平。这些城镇不仅是财富的聚集地，而且是人文的渊薮，其文风之盛，几可与一些大中城市相颉颃。仅嘉兴地区就有魏塘镇、濮院镇、王江泾镇、西塘镇、梅里镇和新塍镇等。

新塍镇就是发源地之一。康熙十三年（1674），作为梅里词派主要代表的朱彝尊，写下了一组含有 100 首诗，以嘉禾平原城镇为歌咏对象的组诗——《鸳鸯湖棹歌》[8]。其中，描绘了盛产精美工艺品的新塍镇，以及新塍镇人张鸣岐制的薰炉——"张铜炉"。新塍镇始建于唐武宗会昌元年（841），已有 1170 多年的历史。新塍镇曾有"新城""柿林""新溪"之称。"新城"之名，唐宋以来，沿用已久，其间有时也称"新塍"。"新塍"之名最早见于宋代，"塍"，即堤。由于新塍镇地处河湖分布丰富地区，若遇大水则庄稼必然受害，百姓种植积极性也大打折扣，故筑塍以御之，又以"塍"为"城"。到了清末，为与其他亦称为"新城"的地方相区别，定名"新塍"。新塍又名"柿林"，是因地处柿林乡而得名。时至今日，也许只有坐落在新塍镇东南的能仁寺以及寺内这棵千年银杏才能讲述这座古镇的岁月沧桑（图 2-1-1）。中秋节前后每次去新塍镇，看到人们排起长队争相购买传承百年的新塍月饼的情景，笔者总是在想这也许就是新塍记忆的一种。

图 2-1-1　能仁寺

　　承载这些记忆的既有物质文化遗产，也有非物质文化遗产。新塍镇观音桥（至今仍有遗存，见图 2-1-2）一带的龙翔花烛店（图 2-1-3）的龙凤花烛和店掌柜程寿琪老人，作为新塍记忆的组成部分至今仍鲜活地存在着。即便是到了今天，如果在当地打听龙凤花烛，上了年纪的人们都会纷纷讲述龙凤花烛的曾经与辉煌。

图 2-1-2　新塍镇观音桥　　　　　图 2-1-3　龙翔花烛店旧址

　　20 世纪初，在嘉兴市新塍镇观音桥一带只要提起"白胡子爷爷"几乎无人不知。这位由于留着银色长须而得名"白胡子爷爷"的老人就是龙翔花烛店的掌柜——程寿琪。作为程氏家族的族长，程寿琪老人一生为人和善、做人正派，掌握了制作花烛这一独门手艺且技艺精湛，在当地颇为人尊重，也极有人缘，是以龙翔花烛店的生意十分红火。新塍镇周边的苏州、上海、湖州、嘉兴等地慕名前来求购者络绎不绝。龙翔花烛店不仅有最为著名的龙凤花烛（大婚时使用），还提供年烛（过年时使用）、寿烛（做寿时使用）。除此之外，人们在不同节庆中也会请对花烛以求祥瑞，如添丁、开业、乔迁、弄瓦、满月、建新灶、架梁、奠基等等。这些作为一种文化消费形式在这一地域非常普遍，就连当时在上海红极一时的大亨黄金荣过寿时，也曾派遣专人来新塍订购寿烛。可见当年的龙翔花烛店丝毫不逊色于今天的新塍月饼店。当时作为新塍"名片"的龙翔花烛店掌柜程寿琪老人也自然成为一方名人。每年农历十月到来年二月，寿琪老人及家人都不得空闲，连家人的饭食很多都是外送，可想而知当时店内忙碌的情景！也就是在这个时期，寿琪老人和龙翔花烛店乃至有观音桥商标的龙凤花烛迎来发展的黄金期。作为新塍的一段记忆，后人应该怀念并牢记，正是有了这段记忆才能串起这一地域的文化脉络。

二、龙凤花烛的制作人

　　目前关于花烛可考的资料是古代六朝时已有花烛，在南朝梁代用于新婚,唐朝以后成为风俗。它的起源与周代嫁女之家三日不熄烛以寄离别之情有关。到了明清时期,花烛逐渐成为婚嫁、祝寿、过年等活动的必需品,成为一种非常普遍的文化消费形式。作为一种汉族民俗文化,在古代,只有点过龙凤花烛,才算正式夫妻,所以,人们把明媒正娶、拜堂成亲的夫妻称为"花烛夫妻"。最初的花烛都是用纸剪成龙凤、花朵等样式,在蜡里浸一下,插在红烛上做成简单的龙凤花烛。

另一说法是龙凤花烛源自贵州省铜仁市的思南。思南龙凤花烛历史悠久,工艺较为复杂。先以竹、木做成烛芯,将烛芯缠上一层灯草,然后用野生乌桕油加上菜油,制模浇铸,制成烛坯。在此基础上,加工造型、染上彩色。这种花烛在土家族、苗族等民间婚姻庆典中普遍使用。由此可以看出,花烛不仅在汉族婚庆中广泛流行,同时也在少数民族中有所流行,而且相互影响,不断发展。

（一）龙翔号

20 世纪初,嘉兴新塍观音桥的龙翔号是一家以制作龙凤花烛为营生的商铺(图 2-2-1)。由于龙翔号做着这一地区的独门生意且技艺精湛,因此在当地很有名气。商铺掌柜程寿琪系程氏家族的族长,不知从什么时候起,创办了龙翔号,专门制作龙凤花烛以迎合婚庆、过年、大寿等喜庆时节所用。

图 2-2-1　龙翔号商标模具

龙翔号的花烛与普通花烛有很大区别。第一,环绕红烛周边的装饰物皆为蜡质,也称"蜡花烛",以此来区分纸花烛,即用纸做出花式后,蘸液蜡插定在红烛上的花烛。第二,龙翔号的花烛上有大量人物形象作为装饰以起到祈盼祥和、寓教于乐的作用,比如和合二仙、八仙过海、刘关张结义、赵云护主、麒麟送子、刘海戏金蟾、福禄寿三星、西游记、哪吒闹海、弥勒佛、二郎神、财神等。第三,龙翔号的花烛上还有动物神兽以寓意吉祥,如狮子、大象、蝴蝶、鸽子、麒麟、金鱼、鸡、蝙蝠等。第四,龙翔号的花烛上还具有品种繁多的植物花卉,万年青、石榴、佛手、梅花、牡丹、水仙花、葫芦等,多寓意祥和。第五,龙翔号花烛还做有各式各样的吉祥符号,如寿纹、太阳纹、回形纹、吉祥纹、万字纹、祥云纹等。第六,龙凤花烛有龙凤造型360°围绕在红烛上,不管从哪个角度看均可看到不同的龙凤造型,此技法被称为"滚龙",现已失传。与此同时,订购者还可以根据自己的喜好进行组合,就是挑选自己喜欢的样式,再由龙翔号进行组装,以满足不同节庆和社会层次的需求。正是由于以上特色是其他花烛无法比拟的,所以造就了龙翔号花烛店的远近闻名。但逢祝寿、添丁、婚庆、开业、乔迁、过年、弄瓦、满月、建新灶、架梁、奠基等,求购花烛者络绎不绝。尤其是在每年农历十月到来年二月,这个时期是农闲也是民间婚庆最多的时段,更是龙翔号花烛店最忙碌的时期。从某种意义上来说,龙凤花烛是农耕文明的产物,更是江南地域文化传承中的特色产品。

（二）龙翔号的主人——程寿琪

程寿琪(1866—1947),龙翔号花烛店的创始人,花烛店的第一代主人,也是花烛技艺发展到一定阶段的集大成者(图2-2-2)。至于程寿琪是什么时候学会,从哪里学会了这门手艺则无从考证了。

图 2-2-2　程寿琪

提起这位"白胡子爷爷",在当时的新塍观音桥一带,几乎无人不知,他就是龙翔号的主人程寿琪。程寿琪其人十分聪慧,为人正直坦荡,颇受当地人和程氏族人尊重。由于深得族人尊重和信任,程寿琪被推选为程氏家族的族长。在封建社会时期，族长系一个大家族的首领，通常由家族内辈分最高、年龄最大且德高望重的人担任。族长需要总管全族事务，是族人共同行为规范、宗规族约的主持人和监督人。由此可见，程寿琪当时在当地和程氏家族中的地位都是十分高的。

程寿琪在前人制作龙凤花烛的古方法的基础上经多年探索实践，对原来简单的纸花烛进行不断完善，最后成功制作出了蜡花烛。程寿琪将自己对花烛的传承与创新的成果通过龙翔号展示出来，并得到了广泛的认可和赞许，龙翔号的红极一时就是最好的明证。然而，由于蜡花烛不便长期存留，天气炎热就会发生变形，我们今天也只能通过文字与照片以及留存的模具和部分传承技艺来想象程寿琪当年所制作的龙凤花烛的风采。

据曹海荣先生（程寿琪之曾外孙）回忆，程寿琪的妻子郑氏出身新塍的郑姓家族，郑家在政府教育系统为官，系书香门第。两人成婚后生下一子，取名佣仪。程佣仪聪慧好学，程家家境又较为殷厚，故程佣仪成年后接受了当时的先进教育。20世纪30年代，中国正处于水深火热之中，年少气盛的程佣仪有了自己的人生目标，并毅然投身中国共产党的伟大事业，参与革命。程佣仪在杭州地区参加了革命，由于他受过良好的教育，很快被党组织重用并参与策划发动工农起义。程佣仪的出色工作，引起反动派觉察，被当时政府逮捕关押。程佣仪在党组织与家人的救助下被释放后，继续投身革命，但转为从事较隐蔽的地下工作。

1934年，是中共发展史上较为困难的一年。由于第五次反围剿的失败，中共不得不采取战略大转移——长征。时年25岁的程佣仪，得悉舅舅去世，在从杭州返回新塍的途中不幸染上瘟疫去世。在曹海荣先生讲述此事的过程中，笔者不免产生些疑问，杭州到嘉兴新塍距离不过百余公里，即便是在1934年，走水路最多一天就可以抵达。仅仅一天时间就染病身亡，而且是发生在一位25岁的青年身上，这实在令人匪夷所思。现今86岁的程国华老人当时年仅3岁，而程国华老人之子曹海荣更不可能知晓其中详情。由于程佣仪是以地下活动的方式从事革命工作，很多能够证明其身份的物证与人证，也随着时间湮灭了，无从确认。据曹海荣回忆，20世纪80年代，嘉兴市政府曾经有位年长的工作人员到新塍来进行调研，试图寻找当年程佣仪参加革命的相关证据。然而当年程佣仪从事的是地下工作，身份信息本身就比较隐蔽，程家只拿出了程佣仪的照片（图2-2-3）。从此以后，对程佣仪的身份确认工作就中断了。笔者也期望通过这个机会，能够获取相关线索来确认程佣仪的革命者身份。

程国华的父亲程佣仪去世6年后，母亲也相继去世。短短的6年里，龙

图 2-2-3　程佣仪旧照

翔号从三代同堂，变成程寿琪与程国华祖孙两人相依为命。独子与儿媳的相继去世，给程寿琪老人带来的打击是可想而知的，程寿琪老人也由此视程国华为掌上明珠。龙翔号虽仍然在制作龙凤花烛，但对年近花甲的程寿琪来说，花烛的生意也只能是维持生计。随着年岁的增加，制作花烛的精力也随之下降，但程寿琪老人认为，若孙女掌握了这门手艺，生活是肯定不成问题的，而当务之急是给宝贝孙女找一个踏实能干的丈夫。

（三）龙翔号的新主人——曹时豪

曹时豪（1922—1989），由于家境贫寒，7 岁就开始离家外出打工谋生，然而早年艰苦的谋生经历却很好地锻炼了他（图 2-2-4）。曹时豪为人正派、勤劳踏实且聪慧好学，早年在新塍供销社做学徒，经常到嘉兴进货，也算是见过世面。更重要的是，他具有经营头脑，曾在龙翔号帮工。程寿琪也对曹时豪留意观察，最后认定招他入赘，与自己的孙女共同经营龙翔号是一个不错的选择。也算是上天对龙翔号龙凤花烛的眷顾，曹程二人的婚事进展很顺利，龙翔号迎来了 20 世纪后半段的主人——曹

图 2-2-4　曹时豪

时豪。程国华亲手为自己做了一对龙凤花烛，供自己结婚所用，也是含蓄地表明自己对这门婚事的满意。曹时豪果然没有辜负程寿琪老人的期望，用心地学习，没几年就较为熟练地掌握了所有制作花烛的技艺。在接下来的数年直至程寿琪老人去世的这段时间里，曹时豪越来越多地参与到花烛制作工作

和经营中,逐渐成为龙翔号绝对主力,取代寿琪老人,顺利完成了龙翔号的交接。

如寿琪老人生前所预料的,这门手艺确实可以保障孙女程国华的生计,而曹时豪为人正直、勤奋好学,又有很强的责任感。有了曹时豪的经营,龙翔号又迎来一个新的发展期。龙翔号里的小夫妻生活很是甜蜜,先后有两男两女诞下。为了增加收入,曹时豪在经营原有的花烛生意基础上,增加了一样自制的糕点——猪油糖(图 2-2-5)。猪油糖,就是一种由猪油、糖、糯米粉制成的点心,也成了龙翔号的商品之一。据曹海荣回忆:父亲曹时豪做的糕点在当地很有名气,很多人来购买。从曹海荣讲话时的神情来看,可以推断出这种糕点很是好吃,深受孩子的喜爱。今天的新塍小吃中仍然可以看到新塍糕点如猪油糖和猪油烧饼等。想来曹海荣在看到或品尝到这些小吃的时候,也会联想到自己的父亲和猪油糖。这是一种家族记忆,也可以说是一种文化记忆,也正是由于这种记忆,文化才会传递和继承,长此以往文化才会沉淀和积累,从而形成全民文化记忆。一旦形成全民文化记忆,就会产生全民凝聚力和统一的价值观,提升民众的文明素养,这才是一个民族最为强大的力量所在。

在龙翔号花烛生意进入淡季(每年农历三月至十月)时,曹时豪利用这个时段制作糕点以补贴家用,从某种意义上说是对龙翔号的发展。今天曹海荣家里仍保存着当年龙翔号糕点的包装纸张(图 2-2-6)。从曹海荣的口述中,我们可以推断出曹时豪是一个十分精明能干的人。从为孩子裁剪制作服装到制作猪油糖,再到最后的龙凤花烛样样精到,在维持一家六口人生计的同时还有盈余,即便在临终前还将番薯模具制作的手艺教给二儿子曹海明,可见曹时豪用心良苦。1989 年,曹时豪去世前仍在制作龙凤花烛。当时有一位叫吴昌豪的商人常年来新塍收购龙凤花烛,再批量贩卖到湖州方向。这种批量制造和批发出售的龙凤花烛自然会在原来基础上进行简化以提高产量。据曹海明回忆,这些批量的龙凤花烛主要保留了龙头和凤头,在程寿琪时代,这种批发龙凤花烛的情况是没有的。曹时豪在花烛零售的基础上,开展了批发销售,拓宽了销售渠道,又发展了龙翔号的业务范围,开拓了饮食业务(猪油糖等)。这些均是曹时豪顺应不同时期的不同需求,为龙翔号继续存活做出的贡献。

图 2-2-5　猪油糖糕　　　　　图 2-2-6　龙翔号糕点包装纸张

（四）龙翔号的没落

　　20 世纪 80 年代，随着改革开放的推进，中国社会也从"文革"的阴影中走出来，经济开始复苏。家庭联产承包责任制实施，市场经济初露端倪，恢复高考、尊重知识特别是数理化，等等，都标志着一个新时代的来临。时代变革虽然缓慢却有不可逆转性，嘉兴新塍的龙翔号也紧随着时代潮流发生着变化。虽然龙凤花烛仍在制作，但手艺的传承却发生了断层。龙翔号里的孩子们相继长大，也纷纷开始离开龙翔号。他们好像对这门祖传手艺并不感兴趣，曹时豪也没有强迫某个孩子来继承龙翔号。直到 1985 年曹时豪患了肝病，才要求小儿子曹海明学习龙凤花烛中番薯模具的制作方法。1989 年曹时豪因肝病在新塍去世，享年 66 岁（图 2-2-7）。曹时豪去世不久，其子女纷纷到嘉兴市区工作定居。龙翔号里只剩下了一个人——程国华。龙翔号从最多时的一家六口，到现在只剩下了程国华一个人；从最初的定制龙凤花烛，到定制、批发龙凤花烛和出售糕点，再到程国华孤身一人苦苦支撑。龙翔号最后一代主人程国华虽然可

图 2-2-7　老年曹时豪

以制作龙凤花烛，也会偶尔制作龙凤花烛，但比起前两代主人还是逊色了许多。也许是因为时代变更，又或许是因为掌柜的故去，龙翔号的花烛生

意冷清了许多,猪油糖的生意更是彻底没了。为了维持生计,龙翔号变成了杂货铺,程国华依托这间龙翔号的店面做点油盐酱醋等杂货的营生来维持生计。20世纪90年代末,随着子女相继参加工作、成家立业、家庭稳定,程国华被子女接到嘉兴市定居,几次更改居所,最后定居在今天的博海路86号。至此龙翔号的故事画上了句号。随着中国社会的剧烈变革,人们的婚庆仪式也发生了巨大的变化,"花烛夫妻"的时代结束了,龙凤花烛也渐渐离开了人们的视线。

表面上看,龙翔号的衰落和消失与曹时豪的病故有关,也可以设想,如果曹时豪仍然健在的话,龙翔号和龙凤花烛又将会怎样呢?设想的结果总是有无数可能,然而有一点可以肯定的是,龙凤花烛这门民间手艺必然会受到外来文化和社会风尚转变的巨大冲击。面对这种冲击,维系这门手艺自然不能仅仅依靠龙翔号里的一两个手艺人的坚持不懈,还要政府执行层面的支持与呵护,更需要民众文化自觉的觉醒。

三、文化自觉

19世纪初,中国还是全球最富有的国家之一,而经历了100多年激烈的社会变革,到了1949年,中国却成了世界上最贫穷的国家之一;新中国成立后,虽然有过一段短暂而发展迅速的社会主义建设时期,但是从1966年起,却开始了长达10年的"文革"浩劫。虽然这是场愚蠢透顶、大错特错的闹剧,终不可长久,然而这场闹剧所造成的破坏却是无法弥补的。在这场运动中,对中国传统文化的践踏是空前的。其中的"破四旧"成为文物古迹的一次浩劫,至今被破坏和受损的古迹和文物仍无法确切统计出总数。全国范围内文化遗产的破坏更数不胜数,古代书籍、历代石碑、各种字画、石雕木雕、名胜石窟、历代古建筑等有的甚至就此彻底消逝,一去不复返。那些被毁坏的文化遗产和文化载体都是中国传统文化经过长期的积累沉淀而形成的,是一个民族文明之所在。这是一次对传统文化记忆的严重抹灭。这场文化灾难也是人类文明的灾难,对中国民众文明素养的消极影响是长久和深远的。在这场荒诞运动的进行下,中国社会动荡不安,没有受保护的文化遗产,没有受保护的私人财产和私生活领域,没有受保护的人身自由——更荒诞的是,有些老人留了一辈子的胡子也竟然被当成"四旧"加以铲除。龙翔号自然也无法逃脱这场劫难,据曹海荣口述,"文革"期间红卫兵闯入龙翔号将其家中藏书(程寿琪的妻子郑氏是清代教育官员家庭出身,随嫁有大量书籍)和成套连环画(龙翔号里有大量成套连环画供客人等花烛时阅览以打发时间)焚烧殆尽,由于书籍过多,整整烧了三天。与此同时，龙翔号中的雕塑、字画等所有被称为"四旧"的东西，都被毁烧一空。曹海荣印象深刻的是一个沉香做的佛像，被焚烧时散发出阵阵香气，久久不散。庆幸的是，曹海荣家中至今仍保存着一整套《三侠五义》连环画，视之为传家宝，一般不轻易示人。

"文革"浩劫之后，国家开始推行改革开放。在"不管白猫黑猫，抓住老鼠就是好猫"的引导下，在"以经济建设为中心"的方针指导下，人们又开始"一切向钱看"。30多年后的今天，我们确实创造了一系列经济奇迹，在外汇储备和GDP增长上更是交出了一张完美的成绩单。然而"经济奇迹"所付出的代价却是国内爆发严重环境污染，矿山因过度开采导致资源枯竭，草原因过度放牧导致荒芜或沙漠化，生产规模超过资源承受能力，产品产出供大于求，投资规模超过资金支持能力，居民消费超过现实支付能力，等等。郎咸平教授在演讲时引用了一个例子：中国生产一个玩具芭比娃娃，在美国卖一个要9.99美元，相当于10美元一个，可是在中国出口的时候，它的出口价只有1美元，剩下的9美元被美国人赚了。那么凭什么美国人可以赚这些钱？第一，在中国投入的资本和技术都是美国来的。第二，设计、运输、贸易的订单、仓库的储存、批发以及零售，所有这些后面的环节，中国统统没有加入。而正是后面的这些环节创造出了9美元的价值。然而，中国在得到这1美元的同时，也得到了环境污染、弱劳保和低福利待遇，而美国在得到那9美元的同时，得到了就业市场、商品的流动，美国老百姓还享受到了低价格产品的实惠。

现在，中国成了名副其实的"世界工厂"，这种生产模式只是世界生产链的一个最初级的环节，也处在最为不利的位置。我们为了GDP的增长已经透支了很多，最为明显的就是空气、水、食品这些与我们息息相关的生活必需品，已经恶化到了极限。这种生产模式必须转变，深化改革、二次改革的呼声愈发强烈。2012年11月，中共十八大报告指出，文化是民族的血脉，是人民的精神家园，要将文化强国上升为国家战略。文化是指一个国家或民族的历史、地理、风土人情、传统习俗、生活方式、文学艺术、行为规范、思维方式、价值观念等。南怀瑾曾多次意味深长地说，没有自己的文化，一个民族就没有凝聚力，始终像一盘散沙；没有自己的文化，一个民族就没有创造力，只会跟在外国人后面模仿；没有自己的文化，一个民族就不会有自信心，也不可能得到外人的尊重。这就是文化的力量，一个民族的文化根基才是民族强大的根本。新中国成立初期，梁思成偕夫人林徽因强烈抗议拆除北京城墙时哭诉：今天你们拆除的是真文物，不出100年你们就要模仿真文物修建假文物！两位大师的预言在不到50年的时间内就应验了。20世纪末，各地开始兴修仿古建筑，大量寺庙、道观重建或修缮，就连一些破旧不堪的教堂当地政府也开始进行修缮。这种自上而下的政府行为，确实让人感到执行层面对文化开始关注和积极起来。然而，民众的文化自觉需要时间。综观其他国家民众对文化的反思需要几十年甚至上百年，而中国的文化反思虽始于五四运动，但终究受到内战、抗战、"文革"等社会动荡的影响；改革开放30多年来，物质极大丰富，而与之相应的文化思想却相对滞后。对比世界各个国家不断强化挖掘自身文化以提升国家软实力，我国民众对自身文化反思和文化自觉应该启动了。

客观上讲，中国民众没有足够的时间进行文化上的反思。21世纪初的非物质文化遗产热，表明社会各阶层开始关注和保护现有的民族文化，龙凤花烛作为嘉兴市级非物质文化遗产受到社会关注。2009年央视的《探索发现》栏目曾进行过较为详细的采访和记录，并在央视10套《手艺》这个节目中有过近30分钟的专题报道。龙凤花烛的关注度逐渐升高，好像突然唤醒了嘉兴本地人对龙凤花烛的记忆。笔者曾经碰到一对新人在程国华的帮助下，亲手为自己制作龙凤花烛；也有婚庆公司试图推广龙凤花烛在婚庆业务中的使用。文化自觉并不是朝夕之间就能完全觉醒的，而全民意义上的文化自觉更需要时间上的沉淀。（图2-3-1，图2-3-2）

图2-3-1 贵州思南纸制龙凤花烛

图2-3-2 龙翔号制作的寿烛

第三章　灵性与血脉

——制作龙凤花烛的模具

　　龙翔号之所以能成为名噪一时的花烛商号,有程寿琪老人的聪慧与勤劳,有嘉兴地域特色的成就,有前人制作工艺的长期积累,也有时代赋予它的极好时段,这可谓是天时、地利、人和,以上皆为从宏观视角来分析龙翔号兴盛缘由而得出的。从微观的角度,就笔者看来,龙翔号在制作花烛时所使用的模具才是制胜法宝。龙翔号的主人们在制作花烛的时候,模具的角色是至关重要的。由花卉、动物、人物、吉祥图腾纹样等所组成的众多模具阵容,使得龙翔号花烛的品种、造型、类别丰富多彩,千变万化(图3-0-1)。从程寿琪到曹时豪再到程国华,直到今天的曹海荣,这门传承百年的手艺,在制作技艺上已经明显萎缩,程国华老人仅会制作婚庆专用的龙凤花烛,至于年烛、寿烛等就很难制作了。也许是因为老人上了年纪,众多的模具

图 3-0-1　陶制模具

中有些竟然叫不出名字，但在制作时对模具的依赖却是自始至终的。这门传承百年的精湛技艺，还有那些精彩绝伦的作品，已经无法完整地保留和记录下来。仅仅靠程国华老人与曹海荣两人，很难再次复制出当年的作品，有些技艺已经流失，只能通过口述来解读和想象了。唯有现存较为完整的花烛模具，才可作为一条明确的线索供我们探索这门手艺的精髓。对于使用了百年之久且是自己前辈数代人使用过无数次的模具，想来龙翔号的主人们都各有感悟。可以想象程国华、曹海荣在使用这些模具时的那份情感，是亲切、真挚和神圣的。这些模具本身就充满着灵性和血脉，它们是这门手艺和龙翔号的记忆，也是这个家族、这段历史、这种文化、这个地域的见证和载体。

　　这些花烛模具现存在曹海荣家中，被曹海荣视为传家宝，很少示人，笔者也仅有一次机会一睹这些模具的真容。这些模具均由纸张反复包裹后放入铁盒子内。200多个陶制模具涉及神话故事人物、历史人物、吉祥动物、吉祥植物、吉祥纹样、龙翔号商标等方方面面。人物模具究其型号大小可分为三类：小一号的人物造型多用在年烛的装点上；人物模具大多是中号，多用于寿烛的装点；有一组八仙人像明显大出一号。据曹海荣解释，这套八仙人像是当年为上海滩大佬黄金荣做寿烛时专门制作的，选择的红蜡烛比平常大出一号，所对应的人物模具自然也要大出一号，以彰显寿星的尊贵（图 3-0-2）。植物和小动物造型的模具多为木制，大小各异但整体上较陶制模具更小，也更灵巧，其中蝴蝶与蝙蝠的造型和形态最为丰富和栩栩如生。至于其他材质的模具，可以归为临时模具，是由番薯制成的。由于番薯制模具不易保存，所以大多是在准备制作龙凤花烛前临时制作，若需要频繁使用则将制好的番薯模具浸泡在水中以保存。在此需要强调的是，虽然同是番薯，但是今天的番薯品种繁多，更出现了紫番薯。曹海荣在第一次制作番薯模具时就误将紫番薯拿来制作模具，却发现紫番薯质地较老番薯更松软，在水中浸泡后会出现粉化现象，无奈只能选择老番薯重做。制作中的这个小插曲让在一旁观看的程国

图 3-0-2　人物模具代表人物吕洞宾

华老人感慨良多。再一个有趣且巧妙的模具原料就是萝卜须。萝卜须在现实生活中很难引起我们的注意,然而在花烛的制作中却总是能够得到巧妙的使用,它的作用在制作龙角的时候得以充分体现,具体详情在后文提到。

一、木制模具

木制模具是龙凤花烛制作过程中使用频率最高的模具,其形制与内容也最为丰富。从曹海荣家中遗存模具的数量和质量来看,可以想象和还原龙凤花烛在鼎盛之年所营造出的极为浪漫、祥和的场景和氛围。我们可以想象一下,那是一个只有用极致想象力和伟大智慧才能创造出来的人间美景:鸟语花香、万紫千红、蝴蝶飞舞、祥云瑞兽等祥和之物皆会聚于此,美轮美奂,犹如仙境一般。

我们将现存的木制模具大体进行分类:植物类(牡丹、梅花等)、动物类(蝙蝠、金鱼、鸽子、大象、狮子等)、吉祥纹样类(钱币、卍字等)。(图 3-1-1)

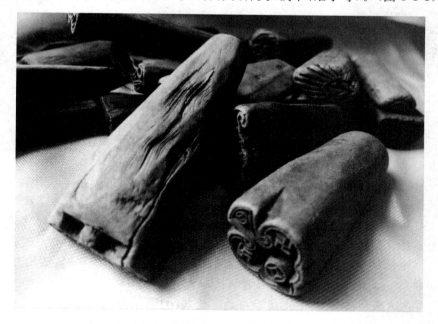

图 3-1-1 木制模具

(一)植物类

植物类的模具现存的有 20 余个,不包括制作牡丹时用番薯做的临时模具。

1. 梅花

植物类模具之中,最常见的就是梅花。梅花在冬春之交开花,"独天下而春",有"报春花"之称。同时具有凌雪绽放、暗送幽香的品质,很是符合中国人坚强、含蓄的性格特征,所以国人对梅花的赞美和寄寓之词从古至今,不曾断绝。古人云:"梅具四德,初生为元,开花为亨,结子为利,成熟为贞。"梅花五瓣,象征五福:快乐、幸福、长寿、顺利、和平。梅还有"四贵":贵稀不贵密,贵老不贵嫩,贵瘦不贵肥,贵含不贵开。这些国人赐予梅花的赞誉,与梅花自身所拥有的自然品行相契合,完美符合了民间崇福尚吉的文化心理,所以梅花成了龙凤花烛中的重要元素符号。(图 3-1-2)

图 3-1-2　梅花模具及其制品

2. 葫芦

植物类模具中数量居次的是葫芦。葫芦是民间最为原始的吉祥物之一,人们常挂在门口用来避邪、招宝。上至百岁老翁,下至孩童,见之无不喜爱。每个成熟的葫芦色黄如金且葫芦籽众多,会令人联想到"子孙万代,繁茂吉祥"。葫芦谐音"护禄""福禄",其本身形态各异,造型优美,无须人工雕琢就会给人以喜气祥和的美感,古人认为它可以驱灾辟邪,祈求幸福,使子孙人丁兴旺。自周朝起,古代夫妻结婚时有一种仪式即合卺(音 jǐn),卺俗称苦葫芦。仪式中把一个葫芦剖成两个瓢,而又以线连柄,新郎新娘各拿一个饮酒,同饮一卺,象征婚姻将两人连为一体;二人同饮卺中苦酒,象征两人今后要同甘共苦,患难与共。此外,葫芦与神仙有着紧密的联系,得道仙人总是与葫芦为伍,所以后来葫芦也成为成仙得道的标志之一。千百年来,葫芦作为一种具有丰富吉祥寓意的典范始终受到人们的喜爱。(图 3-1-3)

图 3-1-3　葫芦模具及其制品

3. 万年青

万年青枝叶形状硕大，颜色翠绿，四季常青，冬季时绿色的叶子配上红色的果实，高雅秀丽，有永葆青春、健康长寿、友谊长存、富贵吉祥的美好寓意。果实鲜红，非常符合民间红配绿的审美标准。万年青在中国人眼里有"一切喜事无不用之"之说。民间结婚迎娶出嫁等都会在礼堂里布置万年青，表达婚姻幸福美满、早生贵子、延绵子嗣的美好愿望。万年青还常常用来祝福老人，希望他们身体健康、福如东海、寿比南山。万年青终年翠绿常青、生机勃勃，所以一般在老年人的大寿之时儿孙们都会献上一盆万年青以祝愿老人家能够如万年青一般健康和长寿，身体硬朗。所以万年青也是祝寿时使用的寿烛中经典图案。（图 3-1-4）

图 3-1-4　万年青模具

4. 水仙

水仙花具有天然丽质、芬芳清新、素洁优雅、超凡脱俗的观赏功效，素洁的花朵超尘脱俗、高雅清香，格外动人，宛若仙子踏水而来。在平常人家，水仙具有吉祥美好、纯洁高雅的寓意。水仙花能散发出极其香甜的气味，弥漫在迎接新年的家庭里，是人间最清净和美的芬芳。每到年终岁末，人们都喜欢用水仙作为迎春的年花以点缀新年的气氛。水仙花出现在年烛上，体现了其美好和雅致的寓意。（图 3-1-5）

5. 石榴

石榴原产中东也就是伊拉克、阿富汗等地区，公元前 2 世纪时由丝绸

图 3-1-5　水仙模具及其制品

之路传入中国,最早在陕西临潼一带种植后,向东部延伸至安徽、河南等地。宋代就已经有了石榴生殖崇拜,还有的用石榴果裂开时内部的石榴子数量来预知科考上榜的人数,"榴实登科"即寓意金榜题名。中国人都喜欢在自家庭院里种植石榴,满枝火红的石榴花象征了繁荣、美好、红红火火的生活,因此除了食用需要外,还有中国人祈求生活如石榴花般红红火火的含义。石榴花的外形像古代的裙裾,古代妇女着裙,也多喜欢石榴红色,"石榴裙"也就渐成了古代年轻女子的代称。人们形容男子被女人的美丽所征服,就称其"拜倒在石榴裙下"。中国人视石榴为吉祥物,认为它是多子多福的象征。古人称石榴"千房同膜,千子如一"。民间婚嫁之时,常于新房案头或他处置放切开果皮、露出红色果粒的石榴,亦有以石榴相赠祝吉者,都是借石榴祝福的意愿。(图 3-1-6)

图 3-1-6　石榴模具及其制品

6. 牡丹

牡丹被拥戴为花中之王,它是中国土生土长的特色花卉,在历代文化作品中,尤其是在绘画作品中出镜率很高。牡丹花朵宽厚硕大、形美、色艳、香浓、端庄秀雅,仪态万千,国人对牡丹的喜爱可以说是一种文化传统。

中国历史名人与牡丹的典故甚多，为历代人们所称颂，牡丹也渐成为一种文化意象，借助它所承载的文化信息，甚至可洞察中华民族的文化特征。就像我们透过樱花看日本文化一样。日本人认为樱花开时，灿烂无比，但花期很短，正如人生苦短、诸行无常。樱花凋落时的无依无恋、干干净净，被看作是日本精神的重要组成部分。在花卉模具中没有现成的牡丹花模具，并不是说牡丹在花烛制作中不重要，相反，牡丹在龙凤花烛中的使用率很高，仅次于龙、凤两个主角。但由于牡丹花造型硕大，所以只能使用花瓣模具进行反复制作，才能制成。（图3-1-7）

图 3-1-7 牡丹模具制品

（二）动物类

通过对现存龙凤花烛模具进行调研发现，动物造型较植物造型更为丰富多样，如大象、狮子、鸽子、金鱼、蝙蝠、公鸡、蝴蝶等，而且有趣的是，动物造型都是成双成对出现。在众多的动物造型中，蝴蝶模具造型比较特别且多样丰富，有双模组合和单独模具。

1. 蝴蝶

蝴蝶品种繁多且色彩缤纷。雄蝴蝶会用跳舞来吸引雌蝴蝶，好似舞动的花朵。它轻盈而自由、美丽而飘逸。人们通常认为蝴蝶一生只有一个伴侣，所以将其视为忠贞不渝的象征，寓意甜蜜的爱情和美满的婚姻。民间传说《梁山伯与祝英台》当中，男女主人双双殉情后，化为蝴蝶，所以蝴蝶也就成为追求自由与爱情的象征。与蝴蝶相关的文化载体，诗词如李商隐的名篇《锦瑟》，绘画如五代画家黄荃的《花茵蝶阵图》，民俗如江浙一带的双

蝶节等文化形式,表现了百姓对至善至美生活的追求。(图 3-1-8)

图 3-1-8 蝴蝶模具及其制品

2. 蝙蝠

中国传统习俗中常以"蝠"谐音"福"运用,"蝙蝠"即寓意"遍福",象征幸福如意或幸福绵延无边。蝙蝠是一种哺乳动物,具有独特的飞行能力。在中国的传统装饰艺术中,蝙蝠的形象被当作幸福的象征:蝙蝠的飞临寓意为"进福",是希望幸福会像蝙蝠一样自天而降;红色蝙蝠寓意"洪福",以此组成吉祥图案广泛应用在建筑装饰、日常器物及艺术作品中;传统纹饰中将蝙蝠与"寿"字组合,曰"五福捧寿"。通常所言的"五福"是:一曰寿,二曰富,三曰康宁,四曰修好德,五曰考终命(即享尽天年)。也有的将蝙蝠与云纹组合在一起,命名为"云蝠纹",意为"洪福齐天"。据说北京恭王府里的建筑就设计有 1 万只造型各异的蝙蝠,贯穿始终,在彩画、窗棂、穿枋和灰塑上都

图 3-1-9 蝙蝠模具

可以见到蝙蝠纹样，因此也有人叫它"万福之地"。以上的纹样组合在龙凤花烛的模具中都有出现。（图3-1-9）

3. 鸽子

在龙凤花烛的动物类模具中除了蝴蝶、蝙蝠，还有鸽子。这些动物的出现其实并不是偶然，它们都是民间求吉祈福的体现。鸽子是人类的好朋友，早在3000多年前，人类就开始利用鸽子良好的飞行能力和导航能力来传递信件。它象征着纯洁、自由、喜庆、平等和希望。同时鸽子是"一夫一妻"制的鸟类。鸽子性成熟后，会有选择性地寻找配偶，一旦配对就感情专一，形影不离。假如一方死去，存活的鸽子很久后才会选择配偶。如果要用以象征感情纯洁、地久天长，那鸽子就是最好的代表。在龙凤花烛的模具中，鸽子也是成对出现的，以此来寓意纯洁、专一的美满婚姻。（图3-1-10）

图3-1-10　鸽子模具

4. 金鱼

在中国民间传统中，金鱼是人们最乐于饲养的观赏物。它安静、惬意、灵动、色彩绚丽又很有格调，能够迎合不同年龄、性别的人们的审美需求，专为供人观赏而生。其实金鱼还有其文化意涵，因为"鱼"与"余"同音，"金鱼"又与"金玉"谐音，在家中养一群金鱼寓意金玉满堂、年年有余、大富大贵。自宋代以来，养金鱼逐渐成为中国人的一种文化传统，很多人家设置鱼池、鱼缸来饲养和观赏金鱼祈求吉祥如意。（图3-1-11）

图3-1-11　金鱼模具

5. 鸡

中国古代把鸡称为"五德之禽"。西汉韩婴在《韩诗外传》中说,它头上有冠,是文德;足后有距能斗,是武德;敌在前敢拼,是勇德;有食物招呼同类,是仁德;守夜不失时,天时报晓,是信德。将完整的鸡作为拜祭祖先的食物之一,这种习俗至今保留在民间。鸡在民间传统文化和信仰中是生命力和生殖力的象征,一方面鸡鸣日出,万物复苏,生命开始;另一方面鸡的生殖力确实很强。金鸡为阳性,代表男性,铜钱则代表女性,寓意男欢女爱,阴阳结合,早得贵子。在龙凤花烛的模具中金鸡与铜钱都有出现,不仅是鸡"吉"谐音,也是生殖繁衍、多子多孙的美好寄望。(图 3-1-12)

图 3-1-12　金鸡模具

6. 大象

在古代中国,象多是以礼品形式从南方邻国引入,皇家多驯养象以在典礼时显示威仪,清代王翚(音 huī)及其弟子杨晋画作《康熙南巡图》可观其景象。在今天的皇家陵区,我们仍可以看到充满威仪的石象在守护陵墓。大象善解人意、勤劳能干,因其憨态可掬、诚实忠厚,成为百姓非常喜爱的吉祥物。在中国传统的文化里,"象"与"祥""相"谐音。古人云"万象更新""太平有象",寓意"吉祥如意"和"封侯拜相"。龙凤花烛的模具中也用大象作为吉祥图案,寓意家庭充满祥和之气。(图 3-1-13)

图 3-1-13　福象模具

7. 狮子

民间对狮子的寓意流传有三说：其一，避邪纳吉。古人认为狮子可以驱魔避邪，镇宅护家，禁压不祥。这表现了人们祈求平安的心理要求。其二，预卜灾祸。在民俗传说中，狮子有预卜灾害的功能。如果石狮子的眼睛变成红色或流血，即象征灾害就要来临，人们可以及时采取应急措施避免灾祸之苦。其三，彰显权贵。古代在宫殿、王府、衙署、宅邸多用石狮子守门，显示了主人的权势和尊贵。以上说法皆体现了人们趋向太平祥和的美好愿望以及对狮子的敬畏之情。（图 3-1-14）

图 3-1-14　狮子模具

（三）吉祥纹样类

吉祥图纹是我国古老装饰艺术中的一个重要门类，其历史可以追溯到原始社会。在上古时代，吉祥图纹是作为一种图腾存在的，后渐渐引以为祥瑞，出现于各朝各代艺术品如商周的青铜器、秦汉的画像石、隋唐的石雕石刻、明清的瓷器等，以及各种建筑物上。（图 3-1-15）

图 3-1-15 吉祥纹样模具

1. 祥云纹

祥云纹样是寓意吉祥的云形符号，是象征祥瑞的云气，富含"渊源共生，和谐共融，天地自然，人本内在，宽容豁达"等吉祥和谐之意。它不仅形象丰富生动，且更具有中国图案独特的意境美，是流传千年的中国传统文化艺术符号，曾在 2008 年北京奥运中作为我国的形象创意被广泛使用。那飘逸的流云伴随着神话人物、飞禽走兽、奇珍异巧等出现，犹如在你眼前呈现一个笙歌悠扬、腾云驾雾、浪漫神幻的画卷。（图 3-1-16）

图 3-1-16 祥云模具

2. 双钱纹

中国古人对待钱币的态度与现代人不同，少了铜臭的俗气，多了吉庆祥瑞的象征。每到中国的农历除夕，中国孩子都会领到一份压岁钱。这种习俗至今仍然盛行，寓意"避邪"和"富有"，是长辈对晚辈的美好祝愿。双钱纹样表达了人们对富贵的"绵延不断"、生命的"生生不息"、生活与事业的"富足双全"等美好生活愿景的期待。（图 3-1-17）

图 3-1-17　双钱纹模具及其制品

3. 盘长纹

盘长纹样源于佛教法器，线结的形状连绵不绝，没有开端和终点，象征贯通天地之间万物的本质，能够达到心物合一、无始无终和永恒不灭的最高境界。盘长纹随佛教传入中国，渐渐流传开来，与中国文化相结合，进而发展出了中国结。中国人从其连绵不绝的特性，引申出对家族兴旺、子孙延续、富贵吉祥世代相传的美好祈愿。中国联通的 logo 也源出于此。（图 3-1-18）

图 3-1-18　盘长纹模具

4. 卍 (万) 字纹

卍 (万) 字纹在古代印度、希腊、波斯等国家被认为是太阳或火、雷电的象征,后来引入佛教,作为一种护符和标志,认为它是释迦牟尼胸部所现的瑞相 (吉祥之所集)。卍 (万) 字纹在中国先秦时期,多用于陶器装饰,两汉之际渐渐与佛教意义结合,盛行于魏晋隋唐之时,于是将此纹样收为汉字,读作"万"。在中国,人们尤其喜爱卍 (万) 字纹,这与中国人独特的审美思想有关。直觉与认知的统一、情与理的统一、美与善的统一、人与自然的统一等这些独特的审美思想,决定了中国人的美学具有高度的整体性、全息性和系统性,而不是局部的、被解剖或分析的。卍 (万) 字纹的"卍"在中国人眼里具有坚固、长久、永恒、普照、众多、吉祥之意,可以用来概括宇宙万物的本质规律。"卍"形四端不断延伸,又可演化成各种纹样,寓意绵长不断,万福万寿不断头。(图 3-1-19)

图 3-1-19 卍 (万) 字纹模具

5. 寿字纹

中国古代汉族传统纹饰中有一种文字纹,也就是将文字图案化。在中国,常见的单字文字纹除寿字纹外,还有福字纹、双喜纹等。寿字纹在装饰上大多取古代篆书"寿"字的字头部分,再对其进行对称或美化加工,使之造型逐渐演变、丰富,可以有百种写法之多。(图 3-1-20)

图 3-1-20 寿字纹模具

6. 回形纹

回形纹是中国古代原始社会时期便已出现的纹样,前身是原始云雷纹,多出现在古代青铜器和陶器上,图案呈圆弧形卷曲或方折的回旋线条,由连续的"回"字形线条所构成,也是中华民族对云雷崇拜的一种反映。回形纹寓意连绵不断、子孙万代、吉利深长、富贵不断头等。这些历史悠久、极具东方韵味的吉祥纹样已渐渐被现代设计师重视,在现在的设计作品中也开始重新出现,比如 2015 年上市的中国汽车品牌吉利博瑞就运用了回形纹样。(图 3-1-21)

图 3-1-21 回形纹模具

综上所述,龙凤花烛中木制模具及其所对应的植物花卉、吉祥动物、吉祥纹样等,为我们缓缓展开了一幅理想家园的生活画面。在这个生活场景中,人与自然和谐相处,平静祥和,闲散自得,这就是中国传统文化观念中的理想生活画面,画面中没有雾霾、浮躁、急功近利、唯利是图,这既是日常生活审美化,也是传统文化核心价值观的显现。

二、陶制模具

如果说木制模具给我们铺开一幅人间美好、祥和、自然、安静、和谐的生活画面,那么陶制模具则给我们演绎了一个神话的世界,时间跨度超过 5000 年,人物涉及佛、道等各个宗教,其中不乏印度"进口"而后中国化的,历史人物衍化而来的……好似中华文明发展史的缩影。

从现今出土的陶制器物可以推断，我们祖先很早就掌握了制陶工艺，陶制器物具有低成本和经久使用的特点，比起后来出现的瓷器多了一份粗犷、质朴，却少了细腻和灵动。龙凤花烛中的陶制模具就有这个特点，也是将人物和动物造型通过阴刻的形式雕刻在泥坯上，然后烧制而成的。目前留存的陶制模具出自何人之手已经不得而知，但可以确认的就是：这些陶制模具是专门为制作龙凤花烛而设计和制作的，但是不是出自程寿琪之手现在已没有办法考证了。这些人物模具各个神态生动，且具有很强的识别性，让人一看就能分辨出是什么人物，如八仙中的铁拐李、三国中的张飞、《西游记》中的猪八戒等。在众多的陶制模具中，我们大致可以分为动物和人物两种类别，这里主要介绍人物部分。

人物模具中又可分为神话人物模具与历史人物模具。

（一）神话人物

在人们的印象中，神仙无所不能，能帮助人们完成想做而做不到的事和实现人生理想。因此，中国人喜欢在人生的重要时刻，祈求神仙的指点和保佑，猎人进山要祭拜山神，渔民下海要祭拜海神，农民祭拜谷神，就连准妈妈也要祭拜送子观音。以至于神话人物在中国传统民俗文化中的地位和出镜率都很高，这与中国人遇事祈福纳祥、求吉趋利的心理特点相契合。

1. 福禄寿三星

福、禄、寿三神的模具是较为常见的，也有很好的祝福寓意。中国民间都称呼福禄寿三位神仙为三星，是数千年来中国人心目中最受喜爱的神仙，也唯有福禄寿三星照耀，人间才能有喜悦祥瑞之气。

"福"是中国民间最常见的符号。即便是到了今天，在过春节时，家家户户都会在门上贴一个"福"字。从字面解释，"福"就是顺利、幸运，民间奉"福星"为吉祥之神。其中，在民间流传最广的福星是天官。在古代神话传说中，天官是赐福的，所以祈福的人首先要敬拜天官（图3-2-1）。古时，各地的"三官庙"（天官、地官、水官）香火旺盛，人们虔诚敬拜，就是希望福星高照，得到福神庇佑。人们在日常生活中也形成了种种求福的礼俗，如戏班子开场必演"天官赐福"戏。据《三教源流搜神大全》载，从前有个叫陈子祷的男子，长得俊美，言行也是温文尔雅，有幸与龙王的三公主一见钟情，后结为夫妇，甚是恩爱。在之后的日子里，两人分别在农历二月十五、七月十五和十月十五，有了天官、地官、水官三兄弟。[9]三官中以天官为尊，后被奉为道教的紫微帝君，职掌赐福，因此人们视其为福星，与禄星、寿星并列。旧时妇女行礼要屈膝弯腰，双手按住右腹，口称"万福"；亲友分别，拱手相送，总会祝其"一路福星"；造房上梁要挂一块红布，上写"紫微高照"字样，招聚福气；逢年过节，家家户户在大门、房门贴上写有"福"字的红纸，有的还故意将"福"倒贴，因为"到"与"倒"谐音，倒贴"福"字，意为"福到门庭"。

图 3-2-1　天官赐福年画

传统祈福有两重意义：一是祈求机遇运气，即"福运""财来福凑"，即俗话说的"福运""福气""有福"；二是祈求和合，即和谐团圆。在中国传统理念中，上额饱满、下颌方圆、体态丰满的人被称为有"福相"；家庭和美、子孙贤孝之家被称为有"福气"；传说中神仙居住过的或者人间仙境一般的地方被称为"福地"，亦指幸福安乐的地方；民间流行的"福神"形象也是圆头大耳，怀抱婴儿，呈"团圆"之相。（图 3-2-2）吴越等地，旧时有年终祝福之俗，清代范祖述《杭俗遗风》载："岁终，家家必祀年神，俗谓之烧年纸。送神之后，合家团聚饮食，名曰散福。"[10]祭祀年神多用猪头，亦有用五牲者，即鸡、鱼、猪肉、羊肉、腌猪头。"散福"即祝福，福乃一家和美、团圆的象征。笔者在浙江金华过年时曾经亲身经历过类似民俗，虽然并未见到猪头和五牲，但整只鸡和大块猪肉还是有的，可以确定这种"烧年纸"的风俗至今犹存。

图 3-2-2　福星模具

禄星为职掌文运仕途的星神。自唐代开始,统治者通过科举制度选拔人才,以高官厚禄吸引天下读书人为其服务。禄位引人如饵钓鱼,世称"禄饵"。十年寒窗,金榜题名,光宗耀祖,这是寒门学子出人头地,施展抱负的唯一选择。因此对禄星的崇拜渐渐形成。这种风尚在民间一直存在,实际上也印证着寒门百姓对权力富贵的追逐和对子孙后代前途的美丽祈盼。(图 3-2-3)

图 3-2-3　禄星模具

　　寿星崇拜具有生命崇拜的意义。寿星所代表的生命崇拜有两层含义，第一层含义是个体生命的延续，即个人的长寿。寿星形象的大脑门儿，也与古代传统的养生术所营造的长寿意象紧密相关。仙鹤就是中国传统文化中的长寿意象之一，因其头部高高隆起，姿态仙风道骨，是仅次于凤凰的"一品鸟"，明清两代一品官官服胸前的刺绣图案就是"仙鹤"。再如寿桃，传说是王母娘娘蟠桃会上特供的长寿仙果。这种种象征着长寿的意象融合叠加，最终造就了寿星的大脑门儿。（图3-2-4）

图 3-2-4　寿星模具

　　生命崇拜的第二层含义是生命的延续和血脉的传递，即通过"子子孙孙无穷尽焉"的生命繁衍，使自己获得永生的意义，从而升华生命的价值，在中国传统理念中"多子多福"与"祈求长寿"也是分不开的。中国传统的农耕经济需要足够多的劳动力尤其是男性劳动力，所以家中多子也就意味着拥有众多的男性劳动力，是家族强大的象征。即便是今天，在中国乡镇仍保留着这种思想。这种观念体现了中国传统的家族观、人生观和婚姻观。因此在中国人的心目中，家业发达意味着家族的人丁兴旺。

　　因此，福、禄、寿三星在龙凤花烛中的出现绝非偶然，是中国传统价值观取向的体现，也是百姓生活永恒的主题。

2. 玉皇大帝与王母娘娘

　　玉皇大帝在民间信仰中是至高无上的天界总管，是主持天道、总管天地人三界的大神，居住在玉清宫。道教认为玉皇为众神之王，在道教神阶中修为境界虽不是最高，神权却是最大的。玉皇大帝除统领天、地、人三界神灵之外,还管理宇宙万物的兴隆衰败、吉凶祸福。由此可知,玉皇大帝相当于神仙中的政权最高统治者,万神之领袖。

关于西王母的记录,最早出现在《山海经》:"又西北三百五十里,曰玉山,是西王母所居也。西王母其状如人,豹尾虎齿而善啸,蓬发戴胜,是司天之厉及五残。""西海之南,流沙之滨,赤水之后,黑水之前,有大山,名曰昆仑之丘。……有人,戴胜,虎齿,有豹尾,穴处,名曰西王母。"后来在长期的演化过程中,西王母被纳入道教神仙体系中,亦被称为王母娘娘,成为所有女仙及天地间一切阴气的首领,护佑婚姻和生儿育女之事的女神,全真教的祖师。王母娘娘在汉代时成为重要的汉族民间信仰,西王母信仰中包含的长生不老理念也投合了道教对长生的追求。在后来的许多中国古代著作中,她开始成为天上的一位帝王,人类幸福和长寿之神,还传说她拥有能使人长生不老的神药,著名的月中仙女嫦娥就是因为吃了她的神药而飞到月亮上的。

后世的小说、话本、演义中,特别是在神魔小说《西游记》中,玉皇大帝与王母娘娘的形象得到了最为广泛的普及且明晰化。由于两者在传说中分别以男性形象和女性形象出现,并且占据了古时候中国人民想象力中男性和女性的最高地位,所以人们渐渐将两者联系起来,并安排成了夫妻。在中国民众的观念中,玉皇大帝与王母娘娘就是天上的皇帝和皇后,主宰人间的福禄寿,同时也包括了灾难与痛苦。

不得不说的是,中国古代人民的想象力是丰富且富有逻辑的。西王母最初的形象,是"其状如人,豹尾虎齿而善啸,蓬发戴胜,是司天之厉及五残"。到了《穆天子传》中,西王母才具备了明确的人形与神性。直到东汉末年,道教兴起,把作为上古先祖神祇的西王母纳入道教神话体系,并且逐渐演变为高贵的女神,并有了新的出身:西王母原本是由开天地以来阴气凝聚而成的母神,在天宫中是所有女仙之首,"为西华之至妙,洞阴之极尊",并执掌着昆仑仙山。

而对玉皇大帝的崇拜可以追溯到远古时代原始信仰的天帝崇拜。魏晋南北朝时期战乱频仍,道教大盛。由于天帝信仰和天帝传说在民间影响很大,道教便将这些传统的信仰与神话元素纳入其神仙体系,尊其为"玉皇大帝",以此来加强道教在民众中的号召力。

玉皇大帝和王母娘娘在中国古代神话传说流传过程中,与道教相结合,受道教体系的逻辑和需要影响,因此被重塑形象,兼具威严与慈祥。因此在模具的世界里,玉皇大帝与王母娘娘的形象很好辨认,玉皇大帝手执玉版,威严庄重,王母娘娘手捧仙桃,温婉慈祥(图3-2-5)。

图 3-2-5 玉皇大帝与王母娘娘模具

3. 和合之神

和合之神是婚庆活动中不可缺少的形象。和合之神最明显的特征便是一人手持荷花，一人手捧圆盒，也被称为"和合二仙"。（图 3-2-6）关于和合之神的原型，流传较广的有两种说法。

一种说法是其原型为唐代的万回。据说当时有个僧人，姓张，生性痴愚。他有个哥哥在边关当兵，久绝音讯，其父母日夜涕泣想念，于是他出门如飞，一日往返万里，并带回一封哥哥笔迹的家书给父母，故被称为"万回"。传说唐高宗还曾把万回召入宫，武则天也送他锦袍玉带。张万回其形特异，传说是菩萨转世，被佛祖贬到人间。他能未卜先知，所说之事多有应验，处处为人排解祸难，亦能促人团圆。所以万回死后，百姓们都自发地供奉、祭祀他。后来，唐明皇封万回为圣僧，后人视其为"团圆之神"，称之为"和合神"。

另一种说法是，到了明末清初时，和合之神的形象由唐代诗僧寒山与拾得所取代。（图 3-2-6）相传寒山与拾得二人亲如兄弟，共爱一女。临婚之时，寒山得悉此事，随即出家为僧，而拾得不忍负于挚友，遂舍女去寻觅寒山。两人终于相见，俱为僧，建寒山寺。从此，世传之和合神形象一化为二，且改为僧状，为蓬头之笑面神，一持荷花，一捧圆盒，意为"和（荷）谐好合（盒）"。在我国传统的婚礼喜庆仪式上，常常会挂起和合二仙的画轴，或在婚礼之日,新房之中,挂悬和合二仙画;也有人将其常年挂于厅堂,以图吉利。

其中,《寒山诗》的流传,使得寒山与拾得的形象渐渐鲜明起来。而且《寒山诗》的思想更为后来寒山、拾得二人的和合二仙形象的升华起决定因素。唐代著名的《寒山诗》,具有脱俗的气韵与禅意,体现了淡薄世俗名利荣华的思想。不仅具有徜徉于大自然的坦荡胸怀,而且也有警醒佛教徒的精辟之句,因此甚为后人所推崇,至今仍对人们修身养性具有十分重要的意义。著名的"寒山问拾得"记录了他们两人之间的一段对话,甚是精彩,也可见他们的姿态与意境。

图 3-2-6　和合二仙模具

关于和合二仙的象征意义,有以下三种说法。说法一:象征"家庭和合",取自唐代僧人万回之故事。因其为解父母之忧,往返万里,为父母带回远征沙场的兄长的书信,故名万回,民间俗称万回哥哥,以象征家人之和合。说法二:象征"朋友和合",取自寒山、拾得的生平传说,现存许多资料都有相关类似的记载。寒山与拾得二人亲如兄弟,共爱一女,却能以诚相待,不负挚友,是以象征朋友和合。说法三:象征"夫妻和合"。在《周礼·地官》中,有"使媒求妇,和合二姓",意指和合二仙是主婚姻之神,因而,和合二仙图也常悬挂于婚礼上,以示夫妻和睦、幸福美满。

中国传统文化中素来讲求"以和为贵",人们希望"和合二仙"给人带来家庭和合如意、和合美满,所谓家和万事兴者。龙凤花烛中的模具里亦有和合二仙,设色以红、绿为主色而且色彩鲜明,这使得和合二仙的形象在整体上更接近传统审美趣味。(图 3-2-7)

4. 八仙

中国古代神话传说中,钟离权、吕洞宾、铁拐李、曹国舅、何仙姑、韩湘子、张果老和蓝采和这八位道教体系内的仙人被统称为"八仙"。八仙的形象是中国古代百姓情感智慧、审美习惯、审美经验的体现,也是古代人民对理想生活的向往。古代人民对八仙的崇拜和信仰,并不在于他们是道教的

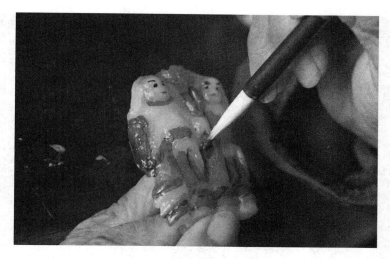

图 3-2-7 设色中的和合二仙

神仙,而是用凡人的思想感情去塑造八仙,将八仙人格化和个性化,使八仙成为个性突出、性格鲜明的神仙形象。同时,人们又把八仙看作可以使人增福添寿、可亲可近的仙人,是公认的吉祥神。(图 3-2-8)

八仙的形象之说,最早出现在汉代,是号称"淮南八仙"的八位文学家,当时称作"八公"。《小学绀珠》记载:"淮南八公:左吴、李尚、苏飞、田由、毛披、雷被、晋昌、伍被。"由此可见,淮南八仙只是八个文人,并非神仙。但后来因为有淮南王成仙的传说,后世便附会在他门下的八公也成仙了,称作"八仙"。

而后世普遍流传的八仙形象,即钟离权、吕洞宾、铁拐李、曹国舅、何仙姑、韩湘子、张果老和蓝采和等人,至少在唐宋时已经出现了,直到明代吴元泰的演义小说《东游记》一书问世,"上洞八仙"才确定了人物。吴元泰甚至排定了八仙的顺次:一是铁拐李,二是钟离权,三是蓝采和,四是张果老,五是何仙姑,六是吕洞宾,七是韩湘子,八是曹国舅。这八仙的组成及排名次序,已经与后来所传八仙完全吻合,这说明大多数人接受了吴氏的说法。

明以后,这组仙人在中国社会生活中的影响也越来越大:道教把他们奉为"教祖",广大群众则在口头传承中继续编造他们的传说故事,同时,又把他们看作可以使人增福添寿、可亲可近的仙人。八仙之中虽然有几位史上确有其人,但要究其成仙之道、云游之迹,主要还是舞台上的表演和民间传说的描绘。说他们是历史人物,不如说是民间智慧、民间艺术的积累和沉淀而形成的典型。

图 3-2-8　八仙模具

　　八仙与道教其他神仙不同，他们均来自人间，而且都有多彩多姿的凡间故事，之后才得道成仙，与一般神仙道貌岸然的形象截然不同，所以深受民众喜爱。他们之中有将军、皇亲国戚、叫花子、道士等，并非生而为仙，而且都有些缺点。同时八仙也分别代表了男女老幼、富贵贫贱。也因此，一般道教寺院都有供奉八仙的地方，或是独立设置八仙宫，而神明庙会也有八仙出现。八仙也常出现在年画、刺绣、瓷器、花灯及戏剧之中。相传八仙也会定期赴西王母蟠桃大会祝寿，所以"八仙祝寿"也成为民间艺术常见的祝寿题材，民间戏曲酬神时，也经常上演《醉八仙》或《八仙祝寿》等所谓"八仙戏"。是以在花烛模具中发现八仙的形象，并不意外。

　　接下来，我们简单梳理下这八位仙人。

　　铁拐李又称李铁拐，传名为李凝阳或李洪水，或名李玄，字拐儿，自号李孔目。观其外形：黑脸蓬头，卷须巨眼，跛一右足，手持铁杖，身背葫芦，头束金箍，形极丑恶，一副流落街头的乞丐模样。（图 3-2-9）然而，李铁拐却是八仙团队中最为资深的一个，也是最早成仙得道的。根据多种民间史料考证，其生卒年约公元前 418—公元前 326 年，巴国津琨（现重庆市江津区

石门镇李家坝）人。现今李家坝仍有药王
观和拐李祠等遗迹,该遗迹坐落于九本秋
柑橘果园内,大部分建筑毁于清代,现仍
保留基石残垣。传说铁拐李晚年修道于
石笋山,现今河蹁李家大院仍遗留李玄故
居等遗迹,药湾大院曾是铁拐李炼丹济世
的地方,现更名为乐湾大院。铁拐李虽为
著名的道教八仙之首,但其见诸文献却相
对较晚。关于铁拐李的传说极多,大多为
悬壶济世、普救众生之事。其中,他随身
携带的那个硕大葫芦可以说是他的法宝,
内藏仙丹,不仅能为人治病,还能起死回
生。赞之者曰:"葫芦中岂止存五福?"除
葫芦外,其铁拐也是有神通的,扔掷空中
可化为飞龙。传说铁拐李便是乘龙而去
为仙的。葫芦和铁拐皆为其法宝,因此铁
拐李也被称为"双宝大仙"。

图 3-2-9　铁拐李模具

钟离权,复姓钟离,名权,字云房,一字寂道,号正阳子,又号和谷子。
据传原型为东汉大将,故又被称作汉钟离。但据杨慎考证,载于《词品》:
"仙家称钟离先生者,唐人汉钟离也,与吕岩同时。韩涧泉选唐诗绝句,卷
末有钟离一首,可证也。近世俗人称汉钟离,盖因杜子美《元日》诗有'近闻
韦氏妹,远在汉钟离'流传之误,遂传会以钟离权为汉将钟离眜矣,可发一
笑也。"钟离权少工文学,尤喜草圣,身长八尺,官至大将军,后因兵败入终
南山。据说钟离权遇东华帝君,引至贵州赤水二郎坝修道,后于飞仙崖飞
升,乃隐于晋州羊角山。道成之后,束双,衣槲叶,自称"天下都散汉钟离
权",全真道尊为"正阳祖师",列为全真北宗第二祖。又传钟离权是受铁拐
李点化,上山学道。下山后又飞剑斩虎,点金济众。最后与兄简同日上天,
度吕纯阳而去。元世祖尊其为"正阳开悟传道真君",元武宗又尊为"正阳
开悟传道重教帝君",相传于北宋时期聚仙会时应铁拐李之邀在石笋山列
入"八仙"。关于钟离权的传说,众说纷纭,二郎坝现今仍有正阳观、飞仙崖
等遗迹。

钟离权在民间的标准形象是一个大肚腩胖子,头梳双髻,赤面长须,袒
胸露肚,手拿一支芭蕉扇摇个不停,一派闲散自得的神态。(图 3-2-10)这个
大胖子常年面带微笑,似乎永远没有烦恼哀愁,有人道是"轻摇小扇乐陶

陶"。有人说芭蕉扇是他的法宝;有人说他的法宝是一只鼓;亦有人说他的法宝就是这种超脱。真的当我们走近这个神仙,也许我们每个人心中都会有一个钟离权。

图 3-2-10　钟离权模具

张果老,原名张果,在八仙中年龄最长,所以世人称之张果老,于历史上却有其人。(图 3-2-11)黄永玉曾这样介绍张果老:"唐朝时住在中条山,自己说生在尧时,居然有人信了。开元间迎进京城,赐银青光禄大夫,玄宗盖了栖霞观让他住,看起来他是很开心的,因为当朝头号人物都信了他。何时进八仙集团则不得而知。几时开始倒骑驴儿走也不得而知。既然集团里有了宋朝的分子,这里有趣的传说应该是宋以后的事情了。"①可考张果老其人系河北省邢台市广宗县张固寨村人,号通玄先生,是唐朝有名的炼丹家,著有此类方面的专著,记述丹砂的产地、形状、性质都非常详细,也说明当时制造丹砂确已积累了丰富的经验。传说张果老云游四方,在汉族民间传唱道情,劝化世人。所谓道情,是源于唐代的道曲,以唱为主,以说为辅。应该是中国最早的说唱乐,以道教故事为题材,宣扬出世思想。南宋始用渔鼓、筒板伴奏,故又称道情渔鼓。可见,张果老是道情的祖师爷了。张果老在中国古代神话传说中,是一个倒骑白色毛驴的老汉形象,这

① 黄永玉:《黄永玉全集·文学编 6·杂集》,湖南美术出版社 2013 年版,第 499—500 页。

种略带滑稽可笑、耐人寻味的形象反能给人以可亲的印象,再加之能说会唱,貌似随性好似打油,然而细细品来则既含道家仙气,又有入世气息,雅俗共赏,深受民众喜爱。

吕洞宾,名岩,字洞宾,道号纯阳子,自称回道人,今山西芮城永乐镇人。"唐时之京兆人,两考进士不第,后来浪迹江湖,遇到钟离权,跟到终南山后,又到鹤岭传播哲学,又会剑法,后人尊他为吕祖,全国各地几乎处处都有为他盖的庙宇。"①

在八仙之中,吕洞宾论名气不如李铁拐,论资格不如钟离权,论年齿不如张果老,然而吕洞宾在八仙中却是最具有传奇色彩的角色。(图 3-2-12)从遍布各地的吕祖阁、吕祖庙就可以推定,吕洞宾对后世的影响力是其他七位无法比拟的。甚至有人猜测,八仙群体很可能是以吕洞宾为核心形成的。记载吕洞宾故事的文本,有《吕洞宾三醉岳阳楼》《吕洞宾度铁拐李》《吕洞宾三戏白牡丹》《吕洞宾飞剑斩黄龙》种种,戏剧、曲艺、民间口头流传故事,说唱吕洞宾的故事,更是不计其数。

正是由于大量的民间传唱,吕洞宾的影响力才能不断扩大提升为八仙之首。传世绘画的吕祖之形象虽不尽相同,有的是豪气冲天的剑侠形象,有的则是文质彬彬的文士形象,但无论怎么样画,吕洞宾在人们心中总体印象是仙风

图 3-2-11 张果老模具

图 3-2-12 吕洞宾模具

① 黄永玉:《黄永玉全集·文学编 6·杂集》,湖南美术出版社 2013 年版,第 499 页。

道骨、神采飞扬的。正所谓宝剑配英雄,吕洞宾总是身背一把宝剑,是以民间相传,吕祖可飞剑取人首级于千里之外。然而这种神奇剑术于吕祖而言,不过一笑置之。吕祖曾言道:"世言吾卖墨,飞剑取人头,吾闻哂之。实有三剑,一断烦恼,二断贪嗔,三断色欲。"[①]老子说过:"胜人者有力,自胜者强。"[②]断烦恼、贪嗔、色欲之类却比取人脑袋难得多了,这就是境界了吧。

何仙姑,是八仙中唯一的女仙,也有人说她代表了世间女性,由于在八仙团队中是唯一女性显得格外引人注目。至于她的生平,一说为唐代广州增城小楼人,今天的增城何仙姑家庙仍为当地一处标志性的名胜古迹。至今,家庙仍留存有两大节庆,分别为每年三月初七何仙姑诞辰与八月初八何仙姑得道之日。每到这两个日子,信奉者就会自发举行盛大纪念活动,善男信女参与其中,声势浩大的场面蔚为壮观。关于何仙姑的传说众多且类似,又多有重叠。相传,何仙姑于北宋时期聚仙会时应铁拐李之邀在石笋山位列八仙。

图 3-2-13 何仙姑模具

何仙姑得道成仙之前原名何琼,14 岁时偶遇仙人,仙人认定其有做神仙的潜质,欲度她成仙。在古代神话中,仙人分别赠她蟠桃、仙枣,或教她云母的采摘和食用方法,或干脆收她为徒。何仙姑很是勤奋努力,没有辜负仙人的指点和栽培,学会了很多本事且惠及众生,经过多年的苦修积善最终修炼成仙。

何仙姑的形象通常是手持一枝荷花(图 3-2-13),且有赞曰:"手持荷花不染尘。"也有人说,何仙姑的法宝是一个如意。如意是一种吉祥物,外形轮廓与一枝荷花有相似之处,两件东西互有交叉重叠,倒也容易理解。另有一说以为何仙姑的法宝是一个笊篱。笊篱是农家妇女做饭时常用的器具,这使得何仙姑的形象更接近普通妇女。一个笊篱拉近了神仙与百姓日

---

① 吴曾:《能改斋漫录》卷十八,中华书局 1960 年版,第 504 页。
② 孙雍长注释:《老子》,花城出版社 1998 年版,第 65 页。

常生活的距离，也是民间智慧的一种体现。

　　曹国舅，名佾，也叫景休，河北正定人。这里我们必须提一提慈圣光献皇后（1016—1079）、北宋第四代皇帝宋仁宗赵祯的第二位皇后曹氏，曹氏为北宋开国功臣曹彬之后。曹国舅便是这位曹皇后的长弟，"国舅"之说，大概就源出于此吧。曹国舅在八仙传说中出现最晚，在宋代就被内丹道收编为吕洞宾弟子，但是关于他的故事却迟至元明时期才出现于有关记载之中。有关曹国舅的情况，叶慈氏、浦江清、赵景深、周晓薇、白化文、李鼎霞等人先后做了勾勒，班友书在考察黄梅戏《卖花记》的源流时，对曹国舅公案故事做了梳理，视角独到。也有人说他于北宋时期聚仙会时应铁拐李之邀在石笋山列入八仙。

图 3-2-14　曹国舅模具

　　有人认为曹国舅是八仙中最为尊贵的一个，他的形象也是一身官服、乌纱帽的装扮。（图 3-2-14）曹景休虽是名门之后又是皇亲国戚，却不喜钱财更不会玩弄权术，性情温和，平易近人，穿着体面，风度翩翩，同时喜欢琴棋书画，尤其是诗词，做事谨言慎行，很是低调。修道之后他散尽家财，周济贫苦之人，再后来，他辞别家人和朋友，身着道服，归隐山林，修心炼性。数年之后，他已达到心与道合、形随神化的境界。终有一天，遇到钟离权和吕洞宾，二人于是授他秘籍，令他精心修道。而后曹国舅更是依照秘籍专心修炼，没过多少时日，他由钟离权、吕洞宾引入仙班。

　　蓝采和是传说中的八仙之一。一说以为，根据近年来在几个地方发现的《蓝氏族谱》，蓝采和当活动于盛唐之时，曾授左补阙谏议大夫。因为犯颜直谏，直忤于权臣，后来解印归家，告别妻儿，潜身终南山。

　　一说蓝采和原名许坚，在勾栏里唱杂剧，年 50 岁做寿时误失官身，被官府棒打四十大板，后被钟离权度化成仙。也有人说他常身穿破蓝衫，手持大拍板，在闹市行乞，乘醉而歌，云游天下，后在酒楼，闻空中有笙箫之音，忽然升空而去。他的事迹在《续仙传》《南唐书》等书中均有记载。元杂剧《蓝采和锁心猿意马》《汉钟离度脱蓝采和》《蓝采和长安闹剧》等剧本中对蓝采和的姓名也都有不同的说法。南唐沈汾《续仙传》:"蓝采和,不知何许人也。常衣破蓝衫……一脚著靴,一脚跣行。夏则衫内加絮,冬则卧于雪中,气出如蒸。每行歌于城市乞索,持大拍板,长三尺余,带醉踏歌,老少皆随看之。机捷谐谑,人问应声答之,笑皆绝倒,似狂非狂,行则振靴……后踏歌濠梁间,于酒楼乘醉,有云鹤笙箫声。忽然轻举于云中,掷下靴、衫、腰带、板拍,莘莘而去。"

蓝采和常常携带一只花篮,花篮内蓄无凡品、包罗万象、神秘莫测、芳香袭人,且能广通神明、驱除邪灵。(图 3-2-15)

图 3-2-15 蓝采和模具

韩湘子是道教八仙中比较年轻的一位神仙。(图 3-2-16)有一种说法是与唐宋八大家之一的韩愈(768—824)有关联,即为韩愈侄孙、韩老成(770—803)之子。其名韩湘,字北渚,生于唐德宗贞元十年(794)。韩湘是个努力追求科举功名的士子,而且最后也如其所愿,功成名就。但根据考证,韩湘子的原型并非韩愈侄孙,乃是后人附会。其故事最早见于唐代段成式《酉阳杂俎》,宋代刘斧的《青琐高议》也有记载。谓湘子幼年即落魄不羁,乃弃家从吕洞宾学道,成仙后用空樽造酒、聚土开花法术,想点化叔公韩愈,韩愈虽见花叶间有"云横秦岭家何在,雪拥蓝关马不前"的诗句,但并不解其意。

元朝人所著《韩湘子引渡升仙会》《韩退之雪拥蓝关记》中,记录了韩湘

图 3-2-16 韩湘子模具

子得道成仙的故事：韩湘子原是苍梧之野、宾龙峰西经皇老洞中，东华公、西城公（道教中的神仙）座前的白鹤，因经常听仙人们讲道而深有感悟，只因它是鸟类，不得登上仙班。后来，吕洞宾教其先转化为人类，脱去羽毛。

5．暗八仙

除了八仙人物形象外，民间还常常用八仙所持的器物来分别替代八位神仙，称为"暗八仙"。

暗八仙是寓意吉祥的传统纹样，以八仙手中所持之物组成的纹饰。因只采用神仙所执器物，不直接出现仙人，俗称"暗八仙"。它与八仙纹一样寓意祝颂长寿。组成暗八仙的八件法宝最流行的说法是：蒲扇、宝剑、渔鼓、玉版、葫芦、箫、花篮、荷花。因为在古代神话流传的过程中，出现了许多交叉和含混，所以各个时代出现的暗八仙都略有不同。暗八仙作为独立的图案，大约是在明末清初开始出现，最早应该是出现在瓷器的纹饰中。（图3-2-17）到了雍正、乾隆年间这种装饰开始较广泛地使用在多种器物上，并基本贯穿整个清代，直至民国年间甚至今天仍在民间流行。道教宫观常将这八件法器画成图案作为装饰。

图 3-2-17　暗八仙纹样的瓷器

暗八仙又可称为"道家八宝"，区别于"佛家八宝"，既有吉祥寓意，也代表万能的法术。应该说主要功能与"佛家八宝"大同小异，代表了佛道两家的各自不同境界与追求。

暗八仙图案符号成为民间艺术中一组约定俗成的符号，具有固定的组合方式、含义、说法。作为装饰的暗八仙要比八仙人物造型来得简单明了，并具有另一番审美效果，深受人们的喜爱。暗八仙以装饰图案的形式出现在日常用品中,如家具、服饰、瓷器、饰品等。但是在当下社会,面对欧美强势多元文化的冲击,许多传统艺术迅速退出了现代人的视线。如龙凤花烛中的暗八仙这组传统民间艺术符号在年轻人眼中可能是比较陌生和无法解读的。因此,我们有必要重新整理并解读这组独特而有魅力的民间图案。

　　龙凤花烛的模具中,组成暗八仙的八件意象分别是:葫芦、芭蕉扇、玉版、荷花、宝剑、洞箫、花篮、渔鼓。(图 3-2-18)葫芦:铁拐李的法宝,葫芦中的仙丹不但能为人治病,且能起死回生,赞之者曰:"葫芦中岂止存五福?"芭蕉扇:钟离权的法宝,人道是"轻摇小扇乐陶陶",能起死回生,是逍遥、洒脱、睿智的象征。玉版:或称拍板、阴阳板,是说唱音乐的伴奏乐器,曹国舅的法宝,有道是"玉版和声万籁清"。荷花:何仙姑的法宝,有赞曰:"手持荷花不染尘。"其出淤泥而不染,可修身养性。宝剑:吕洞宾的法宝,号为"降魔太阿神光宝剑"。人说是"剑现灵光魑魅惊",更能断绝凡间俗念。洞箫:韩湘子的法宝,人说是"紫箫吹度千波静",其妙音能令万物生灵。花篮:蓝采和的法宝,人说是"花篮内蓄无凡品",篮内神果异花,能广通神明。渔鼓:也叫"竹琴""道筒",张果老的法宝,能星象卦卜,灵验生命。渔鼓是一种击打乐器,说唱乐的伴奏乐器常与简板合用,是唱道情的主要伴奏乐器。张果老怀抱渔鼓,正是流动演出道士的形象。

图 3-2-18　暗八仙模具

与佛教中"八吉祥"的八宝相对,暗八仙也具有一定的宗教功能,即祈福禳灾。它们可以说是道教的法宝之一,龙凤花烛中寿烛上的暗八仙更多的是作为民间吉祥的象征,具有各种祈福功能。这为我们铺展开了一幅流传千年,凝聚着民间智慧与幽默的画卷。当我们解读了它们的某种意涵,会发现这些吉祥符号是有持久艺术生命力的。

6. 送子之神

关于"送子之神"的传说有很多,比较有名的是送子观音、麒麟、张仙等。

送子观音:"送子观音"也被称为"送子娘娘"。观音,即观世音菩萨。观世音是鸠摩罗什的旧译,玄奘新译为观自在,中国习惯略称为观音。观世音菩萨是佛教中慈悲和智慧的象征,无论在大乘佛教还是在民间信仰中,都具有极其重要的地位。以观世音菩萨为主导的大慈悲精神,被视为大乘佛教的根本。佛经上说,观世音是过去的正法明如来所现化,他在无量国土中,以菩萨之身到处寻声救苦。在印度佛教中原是男性形象,初传入中国时其形象仍为男性形象,如现存敦煌壁画中的许多观音像都具有男性特征,有的还有两撇胡子。《大方广佛华严经》则直接描绘了观音作为男性的威武形象:有童子到普陀山拜见观音,"见岩谷林中金刚石上,有勇丈夫观自在,与诸大菩萨围绕说经"。当然,佛教中的观音菩萨虽为男性形象,但是既无生死,也无性别。

为了说法的需要,菩萨是可以变换性别的,尤其是为了方便对女信徒说法,则可以变为女性。观世音有三十六种变化,变为女性就是其变化之一。《楞严经》说:"观世音尊者白佛言:'若有女子好学出家,我于彼前见比丘尼身,女王身,国王夫人身,命妇身,大家童女身,而为说法。'"观音能以不同的性别、不同的身份来向不同的人说法,是因为他能做多种变化。佛经上说,他能做三十六种变化,有六观音、十五观音、三十三观音之说,又有千手千眼观音之变相。观音的变化多端,使得他能及时普救众生,当人们遇到麻烦,一念他的名号,他便能立即变化成合适的身份降临。然而在众多的变化中,却没有"送子观音",由于佛门宣传观音菩萨以慈悲为怀,救助众生,人们便在他的众多功能之中,增加了一项重要的"送子"功能。这完全是世俗的需要,是地地道道的中国民间智慧所创造出来的,也是佛教中国化的产物,并非出自任何佛教经典。当然,佛典中虽无"送子观音"的名目,但多少也有一点依据。《法华经》中说:"若有女人设欲求男,礼拜供养观世音菩萨,便生福德智慧之男;设欲求女,便生端正有相之女。"这也许就是民间"送子观音"的由来。

在佛教进入中国的普及推广过程中，会增添许多传说故事，从而使得"送子观音"形象更加饱满、鲜活，以增强世间善男信女对"送子观音"和中国佛教的信服。例如，传说晋朝有个叫孙道德的益州人，年过五十，还没有儿女。他家距佛寺很近，一位和他熟悉的和尚对他说："你如果真想要个儿子，一定要诚心念诵《观音经》（《妙法莲华经》）。"孙道德接受了和尚的建议，每天念经烧香，供奉观音宝相。过了一段日子，他梦见观音菩萨告诉他说："你不久就会有一个大胖儿子了。"之后夫人果然就生了个胖乎乎的男孩。《异祥记》中也有类似的记载：南朝宋代有个名叫卞悦之的居士，济阴人。行年五十，没有儿女。纳妾几年，也没有怀孕。便向观音菩萨祈求继嗣，发愿颂《观音经》一千遍。从此每天念经，将满一千遍时，妾已怀孕，不久便生下一个儿子。这些说法使得民间对观音更加崇信。

在模具的世界里，"送子观音"是手抱孩子的妇女形象，且神态温和恬静。（图 3-2-19）

送子麒麟：麒麟是中国古代汉族神话传说中的传统祥兽，性情温和，传说能活 2000 年。古人认为，麒麟出没处，必有祥瑞。有时用来比喻才能杰出、德才兼备的人。中国古代都把麒麟与青龙、白虎、朱雀、玄武并称五大祥兽。古代官方的说法是"麒麟乃瑞兽，不伤生灵"。同时麒麟也是走兽之主，属土德。《易冒》："勾陈之象，实名麒麟，位居中央，权司戊日……盖仁兽而以土德为治也。"

麒麟形象说法不一，但总结之后，可以从中看到有以下几个特征：龙首、麋身、牛尾、圆顶、一角、马足、圆蹄、黄色角端有肉。到了明代，麒麟的形象变得更丰满和稳定了，夏元吉的《麒麟赋》说麒麟"丰骨神异，灵毛莹洁，霞明龙首，去拥凤臆。星眸眩兮昆耀，龟文灿兮煜熠。牛尾拂兮生风，麋身动兮散雪，蹴马啼兮香尘接腕，耸肉角兮玉山贯额"。可以推断得出，麒麟并不是现实中存在的动物，而是在某个动物原型上，经过不同历史阶段的不断演变而渐渐形成，也代表了一种图腾崇拜。古人将鹿、马、牛、羊、狼等动物特征融合而产生了麒麟这种神物，神物身具神性，这点与龙的演变颇

图 3-2-19　送子观音模具

为相似。麒麟的特性主要有以下几个：

一是体仁。在孔孟儒家学说中，"仁"是最为核心的价值观。这里的"仁"就是"爱"，这种"爱"是由血亲的亲密关系自内向外进行扩展进而形成大爱、博爱。麒麟虽然有角、蹄等带攻击性的身体部位，却不会用角、蹄进行攻击，体现了麒麟的仁慈和善良。麒麟在行走中不踩任何活物，甚至连青草也不践踏。"礼"同样是儒家所推崇的重要理念，要求人们事事要遵循章法和礼数。为什么说麒麟是守"礼"的神兽呢？这是因为麒麟文质彬彬，一举一动都讲究姿容仪表。麒麟的这一特性与传统儒家的核心观念刚好吻合。

二是秉德。麒麟性情温和，行走不践踏虫蚁，不折生草，不食不义之食物，不饮水塘里的水，不会坠入陷坑，不会设置罗网，是"德"的表现典范，同时举止中规、彬彬有礼，也是守礼的表率。麒麟的叫声不但中正平和，而且也是颇为讲究的：麒麟中的雄者鸣叫预示着圣人的逝去；雌者鸣叫预示着圣人归来；春天鸣叫则预示要扶助弱小；夏天鸣叫则预示着要安定抚养。麒麟的这些行为举止，表现出了崇高的品德。

三是兆瑞。麒麟作为人们心目中的神物，含仁怀义，品行高洁，它的出现就被认为是昭示吉祥幸福的瑞兆。同时也有说法，只有当在位的君王以德治国，以至国泰民安时，麒麟才会出现，而其出现是上天对人间太平景象的预示。《春秋公羊传》哀公十四年曰："麟者，仁兽也，有王者则至，无王者则不至。"汉代的董仲舒说："王正则元气和顺，风雨时，景星见，黄龙下，麒麟游于郊。"历史文献记载中有关的类似记载还有很多。与此同时，麒麟的出现还被认为是贤才出世的瑞象。孔子出生前先有"麟吐玉书"的祥瑞之兆。孔子还没诞生以前，就曾有麟出现在山东曲阜，口吐玉书，上面写道："水精之子，系衰周而素王。"素王就是指有王者之道而无王者之位的圣人。

四是显贵。作为一种稀少的神物，麒麟还被赋予了荣耀的象征。汉元狩元年（前122），汉武帝获麒麟，遂建麒麟阁。汉宣帝时期，"上思股肱之美，乃图画其人于麒麟阁上"，即将功臣的形象绘挂于阁内，以表彰其卓越的功勋，同时供后人祭祀瞻仰，所谓"功成画麟阁，千古有雄名"。能够存名麒麟阁或麟阁成为一种荣耀，是功勋和富贵的象征。自唐代开始，舆服制度逐渐完善，饰以麒麟纹样的朝臣服饰出现。武则天时，绣麒麟纹饰于朝服上，名曰"麒麟袍"，专门赏赐给三品以上的武将穿用；明代，麒麟纹是四品官员官服的纹饰，对有功德的臣子和与朝廷有密切友好往来的藩王均以麒麟服、麒麟袍相赐；清代时，在一品武官的补子上绣麒麟。俗语说"学如牛毛，成如麟角"，意思即是努力学习的人很多，但真正成为人才者少，于是就用"凤毛麟角"来形容那些少见珍贵的人才以及稀少的物品。古人还常用"麟子凤雏"来比喻贵族子孙。

五是送子。麒麟送子之说，与麒麟曾预示孔子降生这一传说大有关系。在孔子的故乡曲阜，有一条阙里街，孔子的故居就在这条街上。父亲孔纥与母亲颜徵仅孔孟皮一个男孩，但患有足疾，不能担当祭祀仪式。夫妇俩觉得太遗憾，就一起在尼山祈祷，盼望再有个儿子。一天夜里，忽有一头麒麟踱进家中屋内。麒麟举止优雅，不慌不忙地从嘴里吐出一方帛，上面还写着文字："水精之子孙，衰周而素王，徵在贤明。"第二天，麒麟不见了，孔纥家传出一阵响亮的婴儿啼哭声。正是由于麒麟的这种特殊神力，古代百姓对其喜爱推崇。在今天江浙一带还有与麒麟有关的民俗现象。初春时节，正当万物苏醒之际，就有人抬着纸扎的麒麟走家串户上门演唱，让那些新婚媳妇或久婚不孕的女子上前去戏耍，或者抱个娃娃坐在麒麟背上，由祈孕女子扶着在庭院或堂屋里转上一圈，以期能早生贵子。江苏扬州同样留存着闹新房的"麒麟送子"习俗。待到新婚大喜之时，将新婚洞房的窗户用红纸糊得严严实实，等到新娘进入洞房，一群闹洞房的人手持用纸糊的麒麟灯，且人手拿一副筷子，迅速将红色的纸窗戳破，取意"快生贵子"。"戳得快，生得快"，这些闹洞房者嘴中还会反复念叨、哄笑。这些习俗都突显了生殖、送子的民间诉求。

在制作龙凤花烛的模具中，麒麟送子的形象是一头麒麟驮着一个小孩子。（图 3-2-20）可见麒麟形象是家喻户晓和深入人心的。

送子之神张仙：在模具中，发现了一个独特的男性送子神仙，且相貌堂堂，很是英俊而有仙气，他就是张仙。（图 3-2-21）五代之后，禄星被加上"张仙送子"的附会，使禄星由原本代表升官发财之神，逐渐成为送子之神，故而今天一般民间塑造的禄星像，均手牵一童子或抱婴儿于怀。明朝初年的戏剧唱本中，就开始出现"禄星抱子下凡尘"的唱词，禄星就此成为送子的神仙。这送子的职能，有些附会之说。在流传的民间故事里，

图 3-2-20　麒麟送子模具

禄星被称为送子张仙,一位姓张的神仙。《历代神仙通鉴》记载,这位张仙是五代时期一位道士,名张远霄。在巴蜀道教名山青城山修道成仙,擅长弹弓绝技,百发百中,目标是那些作乱人间的妖魔鬼怪。但是民间却把这种神能与生殖、繁衍联系在了一起。同时,延伸出了能够护子、送子的神能。到了北宋,苏洵在他的一首诗《张仙赞》中记载,他的两个儿子苏轼和苏辙,就是张仙托梦送来的。苏轼和苏辙两兄弟参加同一年科举考试,在同一考场上双双高中进士,一时轰动朝野。张仙也名声大振。这样一来,张仙以送子护童闻名于世,与送子观音、送子麒麟一同被尊为送子之神。

图 3-2-21　张仙送子模具

　　送子神是主宰并赐佑民间生育子嗣、繁衍后代的神灵。在模具的世界屡次出现送子神形象,是民间崇尚多子多福,重视传宗接代,把有无子嗣继承家业看作一个家庭兴衰的标志的体现,可见百姓对送子神灵格外信奉。

7. 赵公明

　　中国古代神话传说中的财神很多,有财神、刘海、赵公明等。赵公明的形象有些特别,他是与老虎一同出现的,且右手拿金元宝,左手握银鞭。(图 3-2-22)赵公明的财神形象也是经历了一个漫长演变过程而来的。与财神形象反差很大,财神赵公明最初的形象却是冥神。

　　《辞海》上说:"财神,相传姓赵名公明,秦时得道于终南山,道教尊为'正一玄坛元帅'。亦称赵公元帅赵玄坛,秦时避乱,隐居终南山。其像黑面浓须,头戴铁冠,手执铁鞭,坐骑黑虎。故又称'黑虎玄坛'。传说能驱雷役电,除瘟禳灾,主持公道,求财如意。"

　　赵公明,本名朗,字公明,又称赵玄坛,赵公元帅。"玄坛"是指道教的斋坛,也有护法之意,为道教四大元帅之一。早在晋代年间,干宝的《搜神记》中,赵公明即为专取人性命的冥神之一。《搜神记》曰:"上帝以三将军赵公明、钟士季,各督数鬼下取人。"此时的赵公明是上天派到人间索命的鬼帅。同时也交代,他并不是一个一无是处、恶贯满盈的恶鬼。赵公明的手下鬼差在各地征调人力，有一个叫王佑的人因病不能去应征，还要侍奉年高的老母，鬼差念在王佑一片忠孝之心，不仅免了他的劳役，还帮王佑治好了病。从中我们可以看出，赵公明身上具有惩治奸恶和弘扬忠孝的气质。

隋唐时，有文记五位瘟神：隋开皇十一年（591）有五瘟神见……白袍之秋瘟神是赵公明。是岁大瘟，帝乃立祠，封为将军。这个故事当然只是个传说，但由此可见赵公明当时已是"瘟神"，完成了从索人性命的"鬼神"到传播瘟疫的"瘟神"的转变。这种转变也反映了所在时代的特性：魏晋南北朝时期是中国历史上比较混乱的时期，政权更迭频繁，军阀混战不断，人命苦短，朝不保夕。赵公明作为"厉鬼"的

图 3-2-22　赵公明模具

出现，从某种程度上来说正是当时政局动荡、生命垂危的深层次反映。隋唐时期，赵公明以"瘟神"的面目呈现，这是他由"冥神"走向"财神"的过渡时期。隋唐两朝实现了国家统一，是我国封建时代商品经济发展的上升期，发展水平有所提高。但是，这一时期整个经济发展水平与后代相比仍有很大差距，不足以为财神的出现提供强大的经济动力。

元明时《三教源流搜神大全》云："赵公明，终南山人，头戴铁冠，手执铁鞭，面如黑炭，胡须四张。跨黑虎，授正一玄坛元帅。能驱雷役电，呼风唤雨，除瘟剪疟，祛病禳灾。如遇讼冤伸抑，能解释公平，买卖求财，宜利合和，无不如意。"明代时，中国出现了资本主义萌芽，城市中的工商业在唐宋的基础上有了进一步的发展。市镇在当时得到了全面发展，进一步成为商业活动的中心。明代的《道藏》《封神演义》，一扫赵公明身上的鬼气、瘟气，给赵公明注入满身神气，原因正是明代经济发展，作坊出现，创造财富和积累财富成为人们的普遍自觉追求。道教封赵公明为"金龙如意正一龙虎玄坛真君"，专司金银财宝，迎祥纳福，使人宜利和合，发财致富。率领招宝天尊萧升、纳珍天尊曹宝、招财使者陈九公、利市仙官姚迩益（姚少司），统管人间一切财富。赵公明的正财神地位得以巩固，得到中华民族的广泛认同。

自此，赵公明摆脱了昔日为人所恐惧的冥神和瘟神形象，连同他手下的四位副帅成了真正的财神，在民间广被接受。特别是在经济基础最好的江浙一带，对赵公明的财神形象更是崇信有加。

8. 钟馗

钟馗与前面我们提到过的一些源自印度佛教后中国化的神仙不同，但也经历了一个漫长而又曲折的发展演变过程。他是中国本土成长起来的神话人物。但即便是中国传统神话人物，究其渊源，历代众多学者也是说法不一。

说法一：钟馗由"终葵"而来。该说法认为钟馗并非历史人物，而是由祭祀时使用的法器"终葵"而来，此法器形似锥子，具有逐鬼驱邪之神力，后世人们将此法器转化为人名——钟馗。

说法二：钟馗由傩仪中的方相而来。原始信仰认为疾病、灾难，都由某种精灵、鬼物作祟，就像毒蛇、猛兽一样，可被驱逐。傩仪就是原始先人用于驱鬼逐疫的仪式，进而发展成为中国最古老的戏曲形式——傩戏，可以说是中国戏曲的源头，今天的云南、贵州、四川等地尤其是少数民族聚居区傩戏仍然盛行，同时也保留了某些原始痕迹。在孔子的《论语》中也出现过关于"傩"的记载。在傩仪中主持人被叫作方相，是巫的化身，戴木制面具，其面具丑陋难看且凶恶狰狞，方相多用反复的、大幅度的动作表现，目的在于造成一种强劲的声势，以威吓疫鬼或邪祟，达到驱邪、逐疫、降鬼、祈福的效果。后世这种仪式演变为各式各样的戏曲和舞蹈。在古代人民的思维里能够驱逐鬼怪的形象，自然应该比鬼怪更加凶恶、狰狞，方相的形象应该就是钟馗"人"化的过渡和由来。这种狰狞的形象后世演化为一种狞厉的美，一方面能够威吓和驱逐鬼怪，另一方面则能够保护和强化自我。青铜器上的饕餮形象和今天的门神就是典型的审美形式。

说法三：吴道子的《钟馗捉鬼图》。传说，唐玄宗在一次外出巡游后忽然得了重病，用了许多办法都没治好。一天夜里他梦见一个穿着红色衣服的小鬼偷走了他的珍宝和杨贵妃的香包，皇帝愤怒地斥责小鬼。这时突然出现一个戴着破帽子的大鬼，把小鬼捉住并吃到肚子里。皇帝问他是谁。大鬼回答说：臣本是终南进士，名叫钟馗，由于皇帝嫌弃我长相丑陋，决定不录取我，一气之下我就在宫殿的台阶上撞死了，死后我就从事捉鬼的工作。唐玄宗从梦中醒来后病就好了。于是他命令当时的宫廷画师吴道子把梦中的经历和钟馗的形象画下来。由于这位皇帝本身就是一位狂热的道教信徒，在他的大力支持下，此后，钟馗作为捉鬼之神的地位就逐渐确立，而后开始流行开来。

以上三个说法，从祭祀礼器"终葵"到傩仪中的方相再到后来的吴道子《钟馗捉鬼图》，虽然由来不同，但是其捉鬼驱邪的功能却是一脉相承的。后世有关钟馗的故事更加丰富，更多了戏曲、小说的描述，得以流传。有关钟馗的作品，无论是杂剧，还是小说、绘画、民间美术，都保留了钟馗相貌丑陋、降鬼驱邪、正气凛然和受民众爱戴等特征。（图 3-2-23）钟馗作为一个文化或者审美符号出现在龙凤花烛这个文化载体中，也记录了人类自我的最为古老的审美形式——狞厉之美。

9. 刘海戏金蟾

刘海是民俗中的一位吉祥人物，其原型是道教神仙刘海蟾。刘海蟾原名刘操，字宗成，燕山（今北京）人。也

图 3-2-23　钟馗模具

有的记载说他名刘哲，字玄英，或作元英，渤海人。刘海系五代后期与北宋初年的一位道士，皈依道教前，事后梁燕主刘守光为相，官位显赫。传说故事中刘海蟾现世为仆役，其目的是找到逃跑多时的三足大蟾蜍。民间之所以把刘海蟾奉为吉祥的财神，正是由这三足蟾蜍而起。蟾蜍属两栖纲蟾蜍科，最常见的一种个头较大，体长可达 10 厘米以上，背面多呈黑绿色，有大小不等的凸凹痕迹，俗称"癞蛤蟆"。有句口头语："属癞蛤蟆，不咬人恶心人。"在现在的日常生活中，没人对癞蛤蟆有好感。然而，在中国古代，蟾蜍却是一种具有相当高地位的灵物，受到过虔诚的崇拜。古代神话传说中，蟾蜍是月宫之精，嫦娥的化身。有一说："日中有骏鸟，月中有蟾蜍。"把美貌仙子嫦娥和丑八怪癞蛤蟆扯到一起，似乎不可思议。然而，古人眼里的"蟾"，可不是等闲之辈。特别是在道家经典中，罕见的蟾蜍可是成仙得道的神灵之属。中国古代的蟾蜍崇拜，与魏晋时期道教的大肆渲染有关系。后世道家又制造出三足蟾蜍之说，这种三足蟾蜍神通广大，真是"癞蛤蟆不可貌相"。《陕西通志》中载，蟾井在西安府临渔县骊山白鹿观中，有金色三足虾蟆，贺兰先生见之曰："此肉芝也。"烹而食之，白日升天。这种金色三足蟾蜍就是我们前面提到的刘海所要寻觅的金蟾，道家信徒期盼吃了之后可得道升仙，但是民间百姓却无此奢望，寻常百姓仅仅希冀三足金蟾能够

带来好运与财源,加之金蟾表面上的
疙瘩像一叠叠钱币,被臆想为会吐金
钱的神兽,是我国民间喜爱的旺财瑞
兽。正是在此观念的支配下,产生了
刘海戏金蟾的故事。也正是民间百姓
的随意性将原本淡泊修行的"掷钱",
俗化成礼拜财神崇尚的"撒钱",在民
间也经常会把"刘海戏金蝉"变为"刘
海戏金钱"或者"刘海撒钱"。

　　在模具的世界中,刘海的形象为
顽童形象,头发蓬松散落于额前,手中
舞动着钱串的一边,而一只三足的大
金蟾却嘴叼钱串的另一端,做跳跃状,
充满了喜庆、吉祥的财气。(图 3-2-24)
传说刘海经常周济穷人,他走到哪里
就会把钱撒到哪里,为人民带来财富,
也为人民带来希望,因此他颇受民众

图 3-2-24　刘海戏金蟾模具

的喜爱,民间亦有"刘海戏金蟾,一步一吐钱"之说。

10. 骑虎禅师

　　百姓总是对那些能够施政清廉、体贴民情的清官充满了期盼和尊崇,希望
这些清官能够成仙,以便永久呵护百姓。骑虎禅师就是模具里的典型一例。

　　相传在几百年前,有位贪赃枉法、横征暴敛的县太爷,派手下一个年轻
衙差到乡下征收钱粮。所到之处,农家百姓无不毕恭毕敬,杀鸡宰鹅奉敬
衙差。一次,这衙差收钱粮来到一户贫苦农家。这家一贫如洗,家中老妇
准备把唯一的一只正在孵化鸡蛋的老母鸡杀了。衙差就劝老妇别杀母鸡,
并说他不想吃这可怜之物。那一夜,这年轻衙差,自责自愧,难以入睡,第
二天再也无心征收钱粮。

　　有此经历,这衙差开始顿悟和省思后再无心仕途,执意出家,修身养
性。而后,便上飞凤岩拜师祈求为僧。岩寺住持为考验他的诚意,要他断
食七天方可受戒。衙差一一照办。一天,这衙差遵照师傅吩咐,前往官桥
岩前导引火种,天未亮就赶回岩寺。途中,遇一只老虎拦住去路。衙差壮
起胆问老虎:"你要吃我吗?"老虎摇摇头。这年轻衙差略一思索又对老虎
说:"今天师命未了,待我将火种带回岩寺再来如何?"老虎点点头,就让开
条路。衙差将火种带到岩寺后回来再见老虎时,只见老虎温顺地蹲在地

上,点头摆尾。衙差骑上虎背,老虎呼啸一声腾空而起,消逝在西边的天际。

寺院住持为纪念此事,特请人雕刻一尊衙差骑虎的塑像,奉祀在中殿,尊为"骑虎禅师"。远近乡民日夜顶礼崇奉,香火绵延不绝。几个世纪以来,关于骑虎禅师的神话传说在虎邱镇、官桥镇(俱在福建省安溪县境内)等地区广为流传,于是人们又称虎邱镇金榜村北侧2公里处的飞凤岩为"骑虎岩"。

骑虎禅师在龙凤花烛模具中的出现,体现了民间百姓对官员清廉、为民、爱民、自省、务实的尊崇与期盼。(图 3-2-25)即便在今天,这种传统情感同样具有现实意义。

图 3-2-25　骑虎禅师模具

11. 哪吒

在模具的世界里,哪吒的形象是一个清妍、聪颖、精勇、神奇的孩童(图3-2-26),这种形象是经历了千年演变而形成的。

哪吒,亦作那咤,是中国古代汉族神话传说人物之一。哪吒信仰兴盛于道教与汉族民间信仰。在道教中的头衔为中坛元帅、通天太师、威灵显赫大将军、三坛海会大神等,民间信仰中俗称太子爷、三太子。关于其角色的记载,可以追溯到元明代的《三教搜神大全》,并活跃于明代古典小说《西游记》《封神演义》等多部文学作品中。还有其他说法是哪吒源于印度佛教,或是源自古波斯。

在印度佛教中国化的说法中,"哪吒太子析肉还母,析骨还父,然后于莲花上为父母说法"的记载最早见于佛经,至于析骨肉还于父母的具体过程和原因则很难考证,可能与佛教故事中的"割肉贸鸽""舍身饲虎"有些类似。哪吒的形象在印度佛教传入中国的过程中开始发生演变。以宋代为节点,在北宋和北宋之前,哪吒的基本形象是三头六臂的凶恶夜叉神,佛教忠诚的守护神。佛教从印度传入中国后,对中国的精神与文化产生巨大的影响。与此同时,佛教也受着中国的精神与文化的影响,产生着巨大的变革,日益中国化,最终使佛教成为中国精神与文化的重要组成部分。到了南宋时期,作为毗沙门天王三太子的哪吒,由印度血统演化为中国血统,自然也就成为中国人了。哪吒神的形象由凶恶的夜叉转变为中国正神的形象,使人渐觉亲近。哪吒神形象的中国化,为哪吒神形象的衍化开辟了广阔的空间。

哪吒神形象的第二次演化是在神魔小说《西游记》中。哪吒演化为孩童天神,他是道教玉皇大帝的天兵统帅托塔李天王的太子和主要战神,神通广大,外道内佛。中国造神主要来源于两个系统:一是宗教组织。道教和佛教是最庞大的造神组织。另一个就是民间。民间神的信众,也往往是神的创造者。而通俗文艺家是造神的重要力量,话本、小说、戏剧一类通俗文

图 3-2-26　哪吒模具

艺形式,是造神的重要工具。明代神魔小说《西游记》便以佛教的哪吒事迹、宋以来的话本故事,民间传说为素材,加上自己的想象和虚构,创造了升级版的中国哪吒形象。

《封神演义》中的哪吒,是殷商末年陈塘关总兵李靖的第三个儿子,金吒、木吒的弟弟,是灵珠子投胎。哪吒之母怀孕三年六个月,生下一个肉球。李靖以为是妖怪,就用剑劈开,里面的婴儿正是哪吒。后来仙人太乙真人收他为徒。一次哪吒在东海玩水,和东海龙王的三太子敖丙起了冲突。哪吒不但将其打死,还抽他的龙筋作为腰带要送给李靖。龙王到陈塘关兴师问罪,为了不连累父母,哪吒三太子便割肉还母、剔骨还父,当场自戕。而后,在哪吒三太子被其父李靖所阻挠,复活不成的情形之下,太乙真人用莲花莲藕给哪吒造了一个新的肉体。可见,《封神演义》中的哪吒形象与故事很有可能是借鉴了印度佛教中的哪吒形象。这也是哪吒最后一次衍化,而这次衍化更加凸显了中国化和中国韵味。佛教故事中哪吒剔骨肉还于父母,给人的印象多少有点异样,而《封神演义》哪吒剔骨肉还于父母却完全是出于孝。第十三回写道:"四海龙王敖光、敖顺、敖明、敖吉正看间,只见哪吒厉声叫曰:'一人行事一人当,我打死敖丙,我当偿命,岂有子连累父母之理!'乃对敖光曰:'我一身轻,乃灵珠子是也。奉玉虚符命,应

运下世,我今日剖腹、剐肠、剔骨肉,还于父母,不累双亲。你们意下如何?如若不肯,我同你齐到灵霄殿见天王,我自有话说。'敖光听得此言:'也罢,你既如此,救你父母,也有孝名。'四龙王便放了李靖夫妇。哪吒便右手提剑,先去一臂膊,后自剖其腹,剐肠剔骨,散了七魄,一命归泉。"哪吒剔骨肉还父母,是为了与父母划清界限,以达到解救父母的目的。这是中国传统的孝道观念的体现。从此之后,哪吒完成了形象的转变。

民间信仰的哪吒神是道教哪吒与佛教哪吒的组合,基本上就是《西游记》的哪吒神与《封神演义》的哪吒神的某种结合。形似七岁小孩,用金镯打死夜叉和龙王太子,用混天绫晃动龙宫。哪吒又是脚踏风火轮,手执点尖枪,有时化为三头六臂,神通广大的天神。他反抗强暴,奋不顾身,经过自我牺牲的痛苦磨炼,战胜为非作恶的四海龙王,为民除害。与此同时,在古代神话中,龙王是天下水的总管。那么,人们想,哪吒既然能制伏龙王,用他来辟邪,镇压水患,当然是最好的。因此,哪吒又成了古代重要的镇水之神,向他祈求得到风调雨顺的好日子。在水乡嘉兴地区,水对百姓是至关重要的,哪吒神在花烛上出现,自然是合情合理。

12.《西游记》中的唐僧之徒

唐高宗麟德元年也就是公元 664 年,62 岁的玄奘去世。他的弟子慧立在玄奘逝世后,为了表彰其师功德和业绩,便将玄奘的取经事迹写成书。初稿完成后,慧立虑有遗缺,便藏之于地穴,秘不示人。到慧立临终时,方命门徒取出,公之于世。这就是《大慈恩寺三藏法师传》。大慈恩寺坐落在今天的西安市,现仍有遗址,是玄奘长期生活之处。三藏是指经、律、论,能够通晓经律论的高僧大德才能被称为三藏法师,由此此书亦称《三藏法师传》《慈恩传》。为了弘扬师傅的业绩,慧立在书中进行了一些神化玄奘的描写,这被认为是《西游记》神话故事的开端。

吴承恩笔下的《西游记》成书于 16 世纪明朝中叶,是中国古代第一部浪漫主义神魔小说。书中讲述唐三藏师徒四人西天取经的故事,表现了惩恶扬善的古老主题。此书由于结构安排很有特色、想象极为丰富、充满讽刺意味、语言生动、通俗易懂等艺术特点,自问世以来,在中国民间已经达到家喻户晓的地步,其中孙悟空、唐僧、猪八戒、沙僧等人物尤其为人熟悉。很多中国人特别是 80 后、90 后的一代人就是看着《西游记》电视剧、动画片长大的,可见其普及程度。几百年来,《西游记》被改编成各种地方戏曲、电影、电视剧、动画片、漫画等,版本繁多,同时也被翻译成多种语言在世界各地广为流传。模具中出现师徒四人且形象的辨认度很高,也说明了唐僧师徒在民间的流传程度。

孙悟空,法号行者,自封齐天大圣,《西游记》中唐僧的大弟子,八戒、沙僧的大师兄。孙悟空生性聪明、活泼、勇敢、忠诚、疾恶如仇,在中国文化中是机智与勇敢的化身。孙悟空是一只由石头中蹦出来的猴子,天产灵石孕育而生,它吸取日月之精华,并学习仙术,法力及武艺高强。有一双火眼金睛,能看穿妖魔鬼怪的伪装;会七十二变、腾云驾雾,一个筋斗能翻十万八千里;使用的兵器如意金箍棒,能大能小,随心变化。西行途中沿路斩妖伏魔,是保护唐僧西天取经的绝对主力。陈寅恪、胡适均认为这个神通广大的猴子并非中国本土的产物,而是从印度"进口"而来,其原型是印度古代史诗中的神猴哈奴曼。(图 3-2-27)孙悟空形象同时还折射出了中国古代的诸多哲学思想,也反映了当时人民渴望反抗残暴的朝廷却又无力改变现实的心理。同时孙悟空还是一个尝试超越和打破社会秩序的代表,体现人类追求新秩序以及自由思想的渴望。

猪八戒,法号悟能,前身为天蓬元帅,《西游记》中唐僧的三个徒弟之一,排行第二,猪脸人身。(图 3-2-28)悟能的原型一说从中国古代神话传说中发展演变而来;另一说也是从印度佛经中角色衍化而成。《西游记》中的猪悟能护送唐僧西去取经,唐僧给他取名"八戒"意指戒五荤三厌。八戒参与西天取经加入这个团队,从其自身角度来讲多少是出于无奈。猪八戒对长期在外奔波的苦行生活自然也不喜欢,在西行途中但凡遇有劫难,总是第一个打退堂鼓,提出散伙、变卖行李、回高老庄做女婿、种地过日子,这种回归土地、眷念家园、渴望定居生活的心情,也是中国人农耕文明下较为普遍的意识形态和归属情怀。

图 3-2-27　孙行者模具　　　　　图 3-2-28　猪八戒模具

　　猪八戒憨厚、贪吃、懒做、胆小、爱占小便宜，具有亲和力，又贪图女色，经常被妖怪的美色所迷惑，难分敌我。然而猪八戒又能知错就改，能听取他人意见，做到了悬崖勒马、浪子回头。在取经事业中虽常常因自身原因使唐僧师徒陷于困境当中，但他对师兄的话还算得上言听计从，对师父也忠心耿耿，总算是为西天取经立下汗马功劳。其自然天性源于芸芸众生的人性优点和弱点，也源于市井民间一个个充满人欲的普通形象。在当代民意调查中发现，《西游记》中最受女性喜欢的形象竟是猪八戒，可以推断猪八戒的形象很是迎合大众的审美口味。

　　沙和尚，法号悟净。他原为天宫中的卷帘大将，这个工作很是尴尬可有可无，也说明悟净一直在天宫中并不得志。因在蟠桃会上打碎了琉璃盏，惹怒王母娘娘，被贬入人间，盘踞在流沙河成为妖怪，以人为食。其后被观世音菩萨点化成为唐僧徒弟后，他一心向善，知恩图报，为修正果一路上对唐僧忠心耿耿。经九九八十一难后，功德圆满，被封为金身罗汉。陈寅恪认为沙和尚这一形象，当来自玄奘弟子慧立所撰《大慈恩寺三藏法师传》，又受到《般若波罗蜜多心经》的影响。（图 3-2-29）

图 3-2-29　沙悟净模具

　　虽然大家会把更多注意力投向神通广大的悟空和笨拙搞笑的八戒，很少把目光投向沙悟净，他罕言寡语而思虑周密，处事审慎而外圆内方，宁静淡泊而坚韧不拔，无贪无嗔无烦恼，然而沙悟净确是西天取经团队中不能缺少的重要人物。

13. 弥勒

弥勒信仰在中国经历了世俗化与民族化的过程。中国最初对弥勒信仰基本上完全照搬印度佛教。弥勒是佛教菩萨中的未来佛。在印度传入中国的佛教塑像中，弥勒是十分庄严肃穆、凛然不可侵犯的形象。释迦牟尼告诫众生，在自己涅槃（佛教中的最高境界）五十六亿七千万年后，弥勒会接替他继承佛陀的事业弘扬佛法。有佛家弟子悟道佛祖所说的五十六亿七千万年不是数量、不是时间的概念，你要按数量去衡量，你已经歪曲佛法了。"五十六亿七千万年"是说，你要在五蕴上下功夫，超越你的五蕴，照破五蕴，与此同时还要收摄六根，不能在六根上对外境区别。在这两个层面上下功夫，照破五蕴，收摄六根，保持七觉知，当一个人达到这种层次就可以成为佛祖的接班人了。佛祖还说人间将发生一次又一次劫难。那时候，弥勒会从兜率天（成佛前的住所）下凡，在华林园龙华树下继承他弘扬佛法，救助众生。那时，光明会来到人间。弥勒被称为未来佛，就是这个缘故。

但是，传到中国以后，经过几番变化，弥勒却成为后来人们一进佛教殿门就可以见到的，那位趺坐在中间的大肚子弥勒雕像。当然，这种衍变并不是一蹴而就的，而是有着颇为漫长的衍化过程。

晚唐五代之后，以修行问道或化缘而云游四方的僧人契此为原型的大肚弥勒之说流行起来，成为长期流传和普遍欢迎的中国弥勒佛。契此，明州奉化县（今宁波奉化）人，生活在唐末五代。他是一个云游四方的下层僧人，由于经常背着一个布袋，又被称为"布袋和尚"。其形貌很有特征：大脑门、皱鼻梁、大肚子，体态臃肿。（图3-2-30)他的行为也很奇特，天将旱时穿高齿木屐，天将涝时穿湿草鞋，人们以此得知天气，而且他随处寝卧，冬卧雪中，身上一片雪花不沾。他没有固定的住处，经常到市场上乞食，不管荤素好坏，入口便食，还分出少许放入布袋，更奇特的是，他在哪里行乞，哪里的生意便分外好。作为一个云游四方的僧人，契此的形象和言行十分贴近民间百姓，因而很受普通百姓的喜爱。他的形象和蔼可亲，虽然不像金身弥勒那样庄严肃穆，却增加了一种亲和力。他虽然显现神通，却又只是暗示于人，更不以此为己谋利。后梁贞明三年（917)，布袋和尚临死之时，端坐在岳林寺磐石上说："弥勒真弥勒，分身千百亿。时时示世人，世人总不识。"暗示人们他就是弥勒的化身。他生前虽然时时处处显示神通给人们看，人们却浑然未觉。布袋和尚言罢死后，人们这才恍然大悟，纷纷塑像供奉，他的布口袋自然也与他形影不离。这样，许多寺庙中的弥勒都以布袋和尚为原型：只见他光秃秃的和尚头，丰乳下垂，大腹便便，胖得裤带只能系在肚脐以下；双腿蜷起一横一直，手携一布袋席地而坐。那幽默而憨笑的神态每每令观者捧腹，观之莫不愁云散尽，趣从中来。契此的大肚和布袋成为一种宽厚、包容的象征。这种形象暗示我们要大肚能容，不要计较人世间的是非憎爱，"要若逢知己宜依分，纵遇冤家也共和；宽却肚皮须忍辱，豁开心地任从他"。

图 3-2-30　弥勒模具

只要肚量大、心胸宽，遇到冤家也能与之和平相处，甚至还能由此悟道成佛。以契此为原型，后人又加上了笑口常开的特征，从而形成矮身大肚、蹙鼻笑口的典型弥勒形象。大肚弥勒寓神奇于平淡，示美好于丑拙，显庄严于诙谐，现慈悲于揶揄，展现了中华民族宽容、和善、智慧、幽默、快乐的精神世界。

（二）历史人物

1. 周文王

周文王姬昌（前 1152—前 1056），姬姓，名昌，是周太王之孙，季历之子，周朝奠基者。其父死后，继承西伯侯之位，故称西伯昌，在位 50 年，是中国历史上著名的一代明君。

《唐语林·卷二 文学》载："姬昌好德，吕望潜华。城阙虽近，风云尚赊。渔舟倚石，钓浦横沙。路幽山僻，溪深岸斜。豹韬攘恶，龙钤辟邪。虽逢相识，犹待安车。君王握手，何期晚耶？"

作为中国商代末年西方诸侯之长，能够重用贤人太颠、散宜生，特别是慧眼识英雄，任用姜尚为军师，积极发展农业，休养生息，惠民爱民，得到广泛拥护，使国力日渐强盛。随着西周国力的不断增强壮大，姬昌也渐渐引起了商纣王的警惕，加之纣王亲信崇侯虎的谗言，姬昌被拘于羑里（今河南汤阴县）。西周幕僚为营救狱中姬昌，通过美女、宝马等宝物讨取商纣王的欢心，不仅换取姬昌的获释，而且使商纣王赋予姬昌征讨其他诸侯国的特权。获释后的姬昌更加坚定了灭纣的决心，紧锣密鼓地为这一目标做准备。他先调节虞、芮两国的争端,后出兵进攻犬戎、密须、黎、邘,进而又击灭崇,修建都城丰邑(今陕西省户县),并扩充势力到长江、汉水、汝水等流域,传说姬昌在位五十载,其晚年已取得"三分天下有其二"的局面,为西周灭商打下了坚实的基础,遗憾的是,姬昌没有看到自己目标的实现,文王临死时嘱咐儿子姬发早图灭商。后周武王姬发果然完成了周文王遗志。

姬昌在被囚禁之时并没有闲着,在伏羲所创八卦的基础上,凭借自身感悟和省思,整理推演出了六十四卦,并将此凝结成了《周易》,《史记》记载"文王拘而演周易"。其中《周易》中的"天行健,君子以自强不息""地势坤,君子以厚德载物",更成为中华的民族魂。据不完全统计,来自《周易》的成语就有 400 多条,昭示中华文化的灿烂,指引人们领悟生命的价值,教人袪凶避祸,迎福纳祥。

《史记·卷四 周本纪第四》:"西伯曰文王,遵后稷、公刘之业,则古公、公季之法,笃仁,敬老,慈少。礼下贤者,日中不暇食以待士,士以此多归之。"

历史上的周文王是杰出的政治家、思想家和军事家。龙凤花烛的模具中就有周文王形象。(图 3-2-31)

图 3-2-31 周文王模具

2. 姜子牙

姜子牙(前 1156—前 1017),又称姜太公、姜尚、吕尚、吕望、太公望、齐太公等,我国商末周初著名政治家、军事家。

姜子牙的先祖为四岳,佐禹治水有功,虞夏之际封于吕,从其封姓,故以吕为氏。出生地主要有东海说和河内说。《孟子》的《离娄上》和《尽心上》两章都提到姜子牙"居东海之滨";《吕氏春秋·首时》也说"太公望,东夷之士也";《史记·卷三十二 齐太公世家第二》也说他是"东海上人"。但这些说法都很笼统含糊。晋代张华《博物志》说得较为明确:"海曲城有东吕乡东吕里,太公望所出也。"《水经注·齐乘》也说:"莒州东百六十里有东吕乡,棘津在琅邪海曲,太公望所出。"姜尚的故里之说,说者众多且观点不一,笔者认为,姜子牙为上古吕国(今河南新蔡)人,姜子牙故里在姜寨(今安徽省临泉县姜寨）。[11]

姜尚从登上历史舞台的那一天起，就充满了传奇色彩。他是以一个与众不同的渔翁形象出现在秦岭脚下的磻溪（今陕西省宝鸡市硒溪），当时属周朝西伯属地。这个渔翁的与众不同之处在于，他年届八旬，鹤发童颜，白须飘飘，气宇轩昂，手持钓竿，道气十足。（图 3-2-32）更为传奇的是，他的鱼钩是直的，没有鱼饵，而且离水面三尺，这是在钓鱼吗？有点类似当代的行为艺术。当然，姜尚的这种行为肯定是有备而来，有很强的目的性。况且这个"行为艺术"他日复一日地坚持了整整三年。细想而知这位"行为艺术家"不是在钓鱼而是在"钓人"，欲钓的这个人就是周文王。

图 3-2-32　姜子牙模具

在距今 3000 多年前的商代末年，这种整整坚持了三年的"行为艺术"在民间流传开来，且越传越神。周文王得知之后，推断这个怪老头并非等闲之辈，便斋戒（古人祭祀之前，必沐浴更衣，不喝酒，不吃荤，不与妻妾同寝，以示虔诚庄敬）三日，前去拜访，尊姜尚为师，并将姜尚扶上自己的舆车，亲自为姜尚拉车。车行至今朱贤村时，拉车的绳子突然断了，姜尚在车上问："你总共拉了我多少步？"文王说："八百零八步。"姜尚大笑："那我就保你的江山八百零八年。"后来周朝江山果然持续了 800 多年。当然，这只是民间传说而已，然周文王拜姜尚为军师确有此事。

姜尚早年曾做过殷王朝的官。可惜殷纣王并不是个贤明君主，否则，姜尚很可能是个治世之能臣，完全可以在殷朝做出一番事业。但在当时黑暗的殷商朝廷里，他只是个小官，空有满腹经纶，却无用武之地。一年又一年，姜尚老了，既然不能在旧的朝廷实现自己的价值，那就去择明主。姜尚毅然决然离开了殷纣王。不做官了，又暂时找不到别的出路，姜尚便在都城做起了小买卖，估计他生来就没有做生意的才能，做小买卖不仅挣不到钱而且还赔钱。姜尚的妻子马氏难耐生活之贫苦，抱怨姜尚不能养家糊口、没出息，竟离他而去。没想到这样一来姜尚反倒自由了，他开始周游列国,寻找诸侯中的贤明之君而辅佐之。后来听说西伯姬昌敬老爱贤,而且怀有雄才大略,便来到了周地。如何才能引起姬昌的注意呢?姜尚肯定为此动了一番脑筋。他是个博学之人,对兵家奇谋秘计尤其精通。不出奇计,便不能引起姬昌的重视。于是,一个须发皆白、丰神俊朗的老人在磻溪出现了,上演了刚才我们前文中提到的"行为艺术"。

姜子牙一生微寒且坎坷多磨,辅佐周文王后又轰轰烈烈、神秘莫测。姜尚作为周国丞相修德振武,以求兴周。公元前 1046 年,周武王姬发(文王姬昌之子)与姜太公率周师沿渭水循黄河向孟津进发。在牧野(今河南省鹤壁市淇县南附近)大败商纣王,这就是中外军事史上著名的"牧野之战"。姜太公作为军师,在此役中立了首功。周成王姬诵(姬发之子)时期,年过百岁的姜尚又助成王平定了管蔡之乱。

综观太公一生的建树,无论从军事、政治还是经济思想等方面,都有卓越贡献,其中尤以军事为最,称得上兵家之鼻祖、军事之渊薮。姜子牙是中国历史上一位全智全能的人物,也是中国文艺舞台上一个"高大全"的形象,还是中国神坛上一位居众神之上的神主,被尊为武神、智神。后姜尚被分封于齐国,其子孙后代遵循姜尚的治国理念,将齐国治理成了东方大国。尤其在春秋时,齐国一跃成为春秋五霸之首。可以说齐国的强大与姜尚其人的治国理念和谋略不无关联。

3. 唐玄奘

玄奘(602—664),唐代著名高僧,佛教法相宗创始人,洛州缑氏(今河南洛阳偃师)人,俗家姓陈名祎,"玄奘"是其法号,被尊称为"三藏法师",后世俗称"唐僧"。在中国历史上,世界级的精神伟人寥若晨星,玄奘却是其中一个。玄奘是一位伟大的行者、信仰者,更是一位伟大的学者。(图 3-2-33)

玄奘 11 岁就熟读《妙法莲华经》《维摩诘经》,13 岁时在洛阳度僧。贞观元年(627),25 岁的玄奘从长安(今西安)出发西行,开始了西方取经的历程。在此后的 36 年里,直至玄奘圆寂,一直专注于取经与译经,他所翻译的佛经,在数量与质量上皆空前绝后,甚至 1300 多年后的今天,仍无人能够超越。在他身上,有着中国学者身上少见的执着求真的精神,特别是对当下的中国社会、教育、学者都有着现实意义。西行印度之前,玄奘已遍访国内高僧,详尽研究中国汉传佛教各个不同学派学说,发现他们不仅各执一词,而且相互抵触与矛盾,用当时已有的汉译佛经来验证,又会发现译本中多有含糊之处,不同译本之间意思又大相径庭。玄奘是一个知道自己要做什么事情的人,至此,他有了极其明确的目标,"誓游西方,以问所惑",意图到佛教的发源地寻求原典以解所惑。

玄奘这一生可以说只做了两件事情——求取佛教经典和翻译佛教经典。其中取经 17 年(627—645),往返中国与印度之间,在没有现代化交通工具的唐代,其艰辛可想而知;翻译佛经 19 年(645—664),工作至生命的最后一刻。玄奘人生目标明确,且具有超常的悟性、极端的认真和罕见的定力,在取经与译经过程中能够不为诱惑所动,常有路过国家的国君挽留他在自己国家永久居住,并担任宗教领袖,均予以谢绝。回国后,唐太宗李世民非常欣赏玄奘的才学,曾力劝他还俗,"共谋朝政",面对天子的请求,玄奘做出了同样的决定——婉谢。极高的悟性、极度的认真、潜心研究佛经,使得玄奘在佛学上取得伟大的成就。他的佛学造诣由一件事可以看出:在印

图 3-2-33 唐玄奘模具

度时,戒日王举行著名的曲女城大会,请他作为大会论主,讲大乘有宗学说,到会的数千人包括印度的高僧大德全都叹服,整个论述持续 18 日,竟无一人敢提出异议。按印度习俗,获论辩胜利者,皆须坐大象背上巡众,以示胜论,然而玄奘大师谦让不行,戒日王遂以大师袈裟代之。以访问学者的身份竟成为本土文化首屈一指的外国大师,这在中国历史上找不到第二例。作为对比,近代百年来,中国学者纷纷远渡重洋学习和研究西学,但是,不必说在西学造诣上名冠欧美,即使能与当地众多大学者平起平坐,也找不出一个人。《大唐西域记》是玄奘西行取经的"副产品",完成此书玄奘用时不过一年,记述了西行所到之地的概况和见闻,纯属有感而发的风情记录。同时,这本书为印度保存了古代和 7 世纪前的历史,如果没有它,印度的历史可能会陷入阶段性的一片漆黑,人们甚至不知道佛是印度人。也由此,玄奘成为印度家喻户晓的人物,《大唐西域记》则成为学者们研读印度历史的必读的经典。不仅仅在印度,而且在日本和一些亚洲国家,玄奘都是人们最熟悉和最崇敬的极少数中国人之一。

然而,就是这样一位受到许多国家人民崇敬的中国人,在当下自己的国家还有多少人真正知道他呢?在此要感谢吴承恩的小说《西游记》,至少让中国人知道了唐僧,然而大多国人只知道小说以及由小说改编而被戏剧

化了的唐僧,以及扮演唐僧的演员。而对于历史上真实的玄奘,知道和懂得他的伟大的国人就更少了。一个民族倘若不懂得尊敬自己历史上的精神伟人和伟大学者,就不可能对世界文化做出新的贡献。希望能够借助此次契机,还原一个历史上真实的玄奘给读者以求共勉。

4. 三国人物

三国时期(220—280)是中国历史上,上承东汉下启西晋的一段时期,历时半个多世纪。其间人才辈出,各个军事集团利益交错、连年征战,民不聊生、人口锐减。在中国历史长河中类似的片段并不罕见,我们之所以能够记住这段百年历史以及同时代的风云人物,应归功于陈寿(233—297)的《三国志》以及后世罗贯中(1330—1400)的《三国演义》。前者是史书,言简意赅,由于陈寿是同一时代人,很多事情亲眼看见和亲身经历,记述较为客观真实,完整地记叙了自汉末至晋初近百年间中国由分裂走向统一的历史全貌,后世对此书的评价甚高,甚至可与《史记》比肩,也成为研究东汉末年社会、文化、经济的重要依据;后者是古代小说,70多万字的巨著比前者整整多出一倍,是三国故事流传千年后的集大成者,邻国日本将其称为《俗话三国志》。由此,三国事迹深入人心,成为戏剧和民间艺术及文学的常见主题,在民间的传播程度并不亚于《西游记》。特别是后世《三国演义》的出现,更加推动三国人物和故事在民间的传播。其中人物形象在民间已形成固定的文化符号,胡适曾评价《三国演义》为通俗历史教育的典范之作。在龙凤花烛模具的世界里,三国人物的模具数量也要远远超过《西游记》中的四个人物,进一步说明三国人物故事更具有寓教于乐的功效。

(1)曹操

曹操(155—220),在中国政治史、经济史、军事史和文学史上都占有极高的地位。在东汉至三国的历史转折时期,曹操做出了同时代人无法比拟的贡献。这与他在政治上占据了主动的地位密切相关——他利用了皇家的名义压制地方诸侯势力,师出有名,其言自顺。

在曹操一生的活动中,政治与军事是紧密结合的。他的政治理念,依靠军事战略的推进而实现;他的军事胜利,确保了政治地位的稳固。曹操身经百战,其中最为著名的是青州镇压黄巾和官渡战败袁绍二役。

青州黄巾声势浩大,义军之众有数十万人,而与之对阵的曹操只有几千人马。但是,曹军却以少胜多,收编降卒30余万,解脱被裹挟的百万农民。以往,学术界对曹操镇压农民起义的举动褒贬不一。不过应该看到,在收降农民军之后,曹操并没有残酷地屠杀起义者,而是采取了安抚的政策,这是比其他封建军阀进步的方面。曹操将青州黄巾中的精锐组建成为青州兵,缔造起他南征北战的班底。对于降附的农民,曹操则施行屯田制度(一种国家投资、农民耕种的农耕形式,对恢复当时的农业生产起到积极作用),利用土地这个中国农民几千年来的价值核心将农民妥善地安顿,从而抚慰了黄淮地区的百姓,使得长期动荡的社会终于安定下来。此后,不断发展起来的屯田生产也成为支撑曹魏统治强有力的经济支柱。

曹操与北方最大的军事割据者袁绍之间较量的最后结果,是通过官渡一战决定的。不过应该看到,在此之前曹操曾经做过一系列准备工作。最初,曹操处在徐州吕布和西南张绣两股强有力的军事势力的威慑之下。曹操通过多次艰苦的大小战役,先后解决吕布和张绣,巩固了自己的后方,然后才与袁绍对垒。著名的官渡之战,不仅使曹操解决了困扰多年的实力对手袁绍,也是曹操以少胜多的经典战例,为中国战争史上留下浓重一笔,充分显示了他的军事才能。同时,统一北方也为此后的魏晋统一中国奠定了基础。

与此同时,曹操还有更为深远的历史贡献。曹操所建立的都城——邺城(今河北省临漳县),将宫城(宫殿区)设在邺城北部中央,宫城以东为贵族达官居住区,宫城西部为宫苑区,邺城南部为居民区。都城东西居中有南北向道路,形成都城南北向中轴线。这些规制,一改曹魏邺城以前的汉长安城、东汉洛阳城都城形制,开启了此后中国古代都城新的形制,而都城形制的这一变化,更加突显了帝国时代皇权与中央集权政府地位,说明了中央集权帝国的进一步发展与成熟。这种中轴线的形制对后来的隋唐大兴城与长安、北宋开封城、辽南京城、金中都、元大都与明清北京城均产生重要而深远的影响,对此后中国古代政治中心东移、北移起到了奠基性历史作用。闻名中外的京杭大运河是隋炀帝 2000 年前开凿的,至今这条运河仍在使用且运输船只川流不息,而如果追溯大运河的前身要归功于曹操。《水经注》记载,"曹公开白沟",是利用了"山经河""禹贡河"的干枯河道开通而成的。建安九年(204)春正月,曹操"遏淇水入白沟以通粮道"。据陈寿《三国志·魏书·明帝纪》记载,曹操据此很快占领了邺城,白沟的开凿之于曹操军事上起到了重要作用。建安十年(205)曹操为了讨伐袁尚、征乌桓,又开凿了平虏渠与泉州渠。[13] 曹操开通白沟、平虏渠、泉州渠,对其定都邺城、统一北方及其后三国两晋南北朝、隋唐王朝的历史发展产生重要影响。隋炀帝开凿的大运河永济渠,自洛阳向东北方向至北京,永济渠中的白沟至天津的运河河道,基本利用了当年曹操开通的白沟、平虏渠及屯氏河河道。曹操兴修诸多水利工程的初衷肯定与战争有关,然而对后世的恩泽和深远影响也确实存在,其功不可没。

以曹魏为正统的观念受到了后世诸多责难,特别是在南宋王朝。北宋政权从雍熙北伐后就一直到来自北方的威慑,最终在强大的金国势力压迫下被迫南迁,成为偏居一隅的南宋政权。这种形势类似于三国时期曹魏与东吴、西蜀的对峙。而从正统方面来对照,南宋开国皇帝赵构乃徽宗赵佶第九子、钦宗之弟,赵家朝廷在血脉上得以传递延续。西蜀刘备则自称汉中山靖王之后。从这个角度和背景看待三国,南宋统治者自然会同情情形与自己相仿的蜀汉王朝,而敌视雄霸北方与金国相仿的曹魏。在这种历史背景下,曹魏的正统地位被颠覆,曹魏政权的领袖曹操遭到一定程度的丑化,形象也发生了变化。曹操的政治策略变成了不忠于君主的"挟天子以令天下",既然不是忠君,那就是奸臣。这也成为曹操品德上最大的污点。再加

3-2-34 曹操模具

上后世学者的渲染,曹操的脸谱彻底改变,历史上的世纪伟人变化成为欺世奸雄。(如图 3-2-34)

(2)刘备与刘禅

刘备(161—223)作为蜀汉集团的元首,有着与先祖刘邦类似的创业经历。两者均是白手起家,且经历异常艰辛。可以推断刘备具有超乎寻常的意志力。史载:"先主姓刘名备,字玄德,涿郡涿县(今天河北涿州)人。"(图3-2-35)在早期的生活中,刘备虽为汉景帝儿子中山靖王刘胜的后代——刘胜其人,乐酒好肉,妻妾成群,有子 120 余人,其中只有 20 人封侯,但由于世系久远(300 多年),加之刘备幼年丧父,因此皇族的身份并没有给刘备带来什么好处。为了求得生存,刘备及其母与东汉社会时期的许多底层百姓一样艰苦劳作。母子二人"贩履织席为业"。在涿郡一带,凭借胡汉杂居、商贾往来十分频繁的地理优势,进行一些小型的经商和手工业活动。据此,可见刘备少年时期的生活境况虽没有太过贫寒,但也一定充满着生存劳作的艰辛。也正是早年这种环境,塑造了刘备独特而坚韧的个性。

公元 185 年,24 岁的刘备从军,开始了曲折而艰辛的创业之路。时年刘备参加镇压黄巾军,因讨黄巾军有功,封为安喜县(今河北定州东)县尉,但不久便因鞭杖当地督邮(汉代位轻权重的官职)而弃官逃亡;继而再从

图 3-2-35 刘备模具

军,又是力战有功,当上了下密(今山东昌邑市)丞,迁为高唐(今山东省西北部聊城市)尉、高唐令;但不久又被黄巾军攻破城池,再次亡命跑路,投奔了公孙瓒;然后,他做了公孙瓒的别部司马(分区军事长官),因在抗拒袁绍的战斗中立下战功,试守平原(今山东省青州),后领平原相(当地最高行政军事长官)。10 余年间,他虽能外御寇难,内丰财施,众多归附,但遭人嫉妒,竟至有人派刺客杀他。刘备入道十年中一系列逃亡之旅对于一个坚定的创业者来说只是在路上,也是成功前磨炼其心志、筋骨、体肤必然经历。

公元 195 年,是刘备步入而立之年后人生道路上的重要转折点。这一年,他成了一方之主。曹操征陶谦,刘备同青州刺史田楷一起赴救,陶谦表荐刘备为豫州刺史,继领徐州牧(汉代设 13 个州,能掌一州之军政大权,其地位与刘表为荆州牧、袁绍为冀州牧相当),骤然名列最高地方长官之列。但好景不长,刘备随后即遭袁术、吕布的袭击,连老婆孩子都成了吕布的俘虏,不得已而依附于曹操。

曹操厚待他,给予刘备豫州牧(今河南省最高长官,与徐州牧相当),使其东击吕布,结果又被吕布的部将高顺打败,妻子再次被吕布掳去。直至曹操擒杀吕布以后,刘备才复得妻子。而后,刘备又一次失去地盘,跟随曹操回到许昌,被授以左将军(相当于军区司令)。但他不甘心依附于曹操,参与了车骑将军董承受密诏欲诛曹操的秘密策划活动,整天心怀忐忑,也欲借机离开许昌，最终还是背叛曹操而与袁绍联合。

建安四年（199），刘备39岁。自从离开许都，刘备便开始终生与曹操为敌。建安五年（200），曹操东征刘备，尽收其众，掳其妻子，并活擒关羽。刘备再次逃亡投奔袁绍，充当了袁绍的马前卒。官渡之战后，刘备南投刘表，两人关系比较复杂，刘表对刘备肯定有些防范，不肯重用。而刘备确实想得到荆州之地以作为创业基地，又迫于诸多因素不便下手。二人就这样相持处之整整10年。通过这10年我们可以看得出，刘备虽无法施展能耐，却能耐得住寂寞和诱惑，坚韧加忍耐等待时机的到来，此举绝非凡人所能为之。

建安十三年（208），刘备48岁。是年曹操南征刘表，刘琮投降，刘备大败于当阳长坂（荆门市以南近百里长的山冈），弃妻子，仅以数十骑逃走。随后的事情就是，刘备整理自己的队伍，联合孙权，大破曹军于乌林赤壁。建安十四年（209），刘备自为荆州牧，10年的忍耐没有白费，终于实现了将荆州作为创业基地的梦想，加快了谋划大业的步伐。

建安十六（211）年刘备入蜀，十九年破益州（辖今四川、陕南、甘肃部分），刘璋出降；继则东拒孙权，北抗曹操，后又得了汉中。建安二十四（219）年秋，在汉中自称汉王。章武元年（221），刘备61岁，在成都进号为帝，总算了却了谋取大业的心愿，终得一方天下。随后，东伐孙吴，惨败于彝陵，抑郁病集，逝于白帝。

刘备从31岁至51岁20年间多次易主。其正式投奔的对象有六人之多，若加上欲往投奔以及结盟后又背叛者则达九人，真可谓是长达20年的逃亡生涯。投奔对象中，如公孙瓒、陶谦、袁氏父子以及刘璋是以真心待刘备，予以刘备无私的资助和极高的礼遇；吕布、曹操以及刘表虽以虚伪之情待之，内心忌于刘备的声望，但表面仍礼遇刘备，给予他优厚的待遇。可以说正是有了长期的流亡生涯，刘备才能够生存下来，积蓄能量等待时机。然而对于这些昔日的救援者，无论他们是赤诚以待，还是诈伪巧饰，刘备多是归而后叛，败而投靠，特别是对于刘璋的侵夺，可称得上是恩将仇报。更甚者，刘备在面对昔日旧主吕布被俘时，表现出极其冷漠的姿态，不仅不出手相助反而落井下石。也许是出于创业者为了生存下来的无奈，然而刘备这种左右逢源、坚忍执着、仁义与诡诈并存的性格特征也使其终得一方天下，应该说刘备非常适宜在那个混乱且英雄辈出的年代中生存和发展，时代选择了刘备。

战争频仍应该是三国时期的主旋律，也是成就刘备事业的主要手段和因素。根据史料不完全统计，刘备参与的大小战役共有25次，失败16次，胜利 9 次,其失败的次数,占到总战役数量的 64%。其中,刘备亲自督战或指挥的战役 19 次,失败 10 次,占失败总数的 62%。可见,在战场上刘备虽不至于屡战屡败,但败多胜少确是一个事实。然而,在巨大的困难面前,刘备的创业激情从未冷却,也从未放弃过对独霸一方的追求,他所表现出的创业精神正如陈寿所评价的那样"折而不挠"。从政治家的角度去评价刘备,可以说刘备也不具备卓越政治家的资质。就知人善任方面,他则远远不如曹操,且刘备为人多忌,缺乏宽广心怀。

赵云屡有战功,曾两次在乱军中保全阿斗(刘禅),有恩于刘姓家族。入蜀以后,在处理军政之事上的观点意见常与刘备相左,刘备便不再信用。孟达对于刘备入蜀有功,并取得了攻夺房陵、上庸、西城等地的胜利。刘备却对其不信任,又遣养子刘封夺了孟达的军权,导致了孟达、刘封不和,酿成孟达叛归曹魏,失掉三郡。黄权是难得的军事人才,归属刘备以后屡献奇谋,颇得重用,及至伐吴,二人意见不同,便将其调离前阵,使"督江北军以防魏师",孤军悬处,道路隔绝,不能还蜀,使得黄权不得已率领一支七八千人的队伍投降了魏国。在汉代的体制中,汉武帝以后,军政权力主要掌握在中朝官(皇帝近臣如侍中、常侍、给事中、尚书等组成,以平衡丞相所率领的外朝臣的权力)手里,蜀汉自然也是这样。据查,刘备所置中朝官,几无蜀籍人氏;刘备对于巴蜀名士和蜀籍官员存有戒心,从而限制了对他们的使用,影响了蜀国后继人才的培养。刘备坚韧的创业精神可以肯定,迎合时代的性格特征是成就他的重要因素,但政治、军事才能特别是用人方面皆不值得称道。三国鼎立,蜀汉先亡,当然有许多方面的原因,但最为重要的是缺乏人才储备或者说是没有后续的人才接替。这种局面的形成,同刘备的用人观有直接关系。

在诸葛亮死后,蜀汉政权维持了近 30 年的统治,刘禅(207—271)作为刘备的继承者,支持姜维北伐,但对姜维也有诸多限制。而且刘禅对于宦官黄皓也颇为宠信,姜维畏惧黄皓,只得拥兵屯垦汉中的沓中(今甘肃甘南藏族自治州迭部),不敢回成都。最后邓艾偷渡阴平大军压境,刘禅与群臣商议如何抵御,决定派诸葛瞻领兵迎战,但诸葛瞻战败。最后,刘禅接受谯周的建议,在 263 年向曹魏投降。

蜀汉亡后,刘禅作为俘虏移居魏国都城洛阳。某日司马昭设宴款待刘禅,嘱咐演奏蜀乐曲,并以歌舞助兴时,蜀汉旧臣们想起亡国之痛,个个掩面或低头流泪。独刘禅怡然自若,不为悲伤。司马昭见到,便问刘禅:"安乐公是否思念蜀?"刘禅答道:"此间乐,不思蜀也。"这就是"乐不思蜀"一典故的来历。历史上刘禅也多作为不思进取、只顾享乐的反面典型用于警示

世人。(图 3-2-36)

公元 271 年,刘禅在洛阳去世,享年 64 岁。蜀汉亡国,刘备、诸葛亮都有不可推卸的责任,不能全由后主承担。

(3)诸葛亮

在三国的人物中,受后世戏剧小说的影响,关羽是最大的受益者,完成了由人到神的衍化。其次的受益者,就是诸葛亮了,衍化成为智慧的化身。这都源于南宋以来以蜀汉为正统思想的影响。也许是同情失败英雄,对关羽北伐功败垂成感到惋惜,关羽虽死,其威镇华夏的英雄形象仍活在百姓心中。诸葛亮被称为贤相,后世给予其很高的评价,特别是戏剧、小说更是将其神话,鲁迅曾评说其"多智而近妖"。作为一个历史人物,诸葛亮在其"贤相""奇人"光环以外,也肯定有其诸多不足,此处着重分析其悲剧性人生的自身因素。

图 3-2-36　刘禅模具

不足一:对关羽的态度。由于关羽在刘备集团的特殊地位(桃园结义时刘备二弟),加之两人的战略思想相悖,诸葛亮对其的态度很是复杂,大体采用放纵放任,自生自灭的态度。荆州是曹、刘、孙三家的中心战场,三家为此地长期明争暗斗,一向用兵谨慎的孔明在攻守兵力的配置上对荆州进行了倾斜,留守荆州的将士远比攻取西川的兵马精良。然而,当庞统战死,刘备求援时,诸葛亮却带走了张飞、赵云,只留下关羽留守荆州。在这一事关重大的人事安排上,孔明犯下了错误,虽然诸葛亮在移交荆州时,曾语重心长地教给关羽"北拒曹操,东和孙权"的八字原则,其实诸葛亮也知道关羽并不赞同这一统一战线,加之关羽性格刚而自矜、善待卒伍而骄于士大夫,随后的事态发展也证实了这一点。关羽一步一步违背"联吴抗曹"的战略方针,孔明肯定觉察到了关羽这一危险迹象,却不但不加以制止,反而迎合关羽的意气用事。发展到关羽痛斥诸葛瑾,辱骂孙权;继而发动襄樊战役,结果导致荆州失守,关羽殉难。随之而来的张飞遇害,黄忠战死,彝陵兵败,刘备驾崩。表面看来,刘备集团由盛而衰的直接原因是刘备伐吴兵败(彝陵之战),而究其深层原因,当是诸葛亮对关羽放纵,任其自生自灭的消极态度。如果说诸葛亮对关羽的态度很大程度上是受制于刘备，那么在对待李严的态度上就难推其责。

　　不足二：对李严的态度。刘备彝陵战败后，驻永安，自知将不久于人世，如何将后事托付给诸葛亮、李严二人可以说是颇费了一番苦心。此时与自己最亲近的关羽、张飞已经去世，儿子刘禅才 17 岁，难以撑持局面。刘备深知诸葛亮有能力，能够将蜀汉事业进行下去。然而刘备担心诸葛亮会出现个人擅权，功高盖主的情况，为此想到了李严。在构成蜀汉政权的荆州、东州、益州三个集团中李严是东州集团的代表人物，有"以才干称""复有能名"的赞誉，他自从跟随刘备后，屡次以少数兵力平定大规模叛乱，充分表现出出色的政治才干和军事才能。他不属于刘备、诸葛亮所在的荆州集团，作为东州集团的代表，又同为南阳人，与诸葛亮是"同乡"关系，因而更能起到君臣团结一心的作用。所以在章武二年（222），刘备即将李严召到永安，任他为尚书令，成为蜀汉政权仅次于诸葛亮的政治人物。显而易见，当诸葛亮于章武三年（223）被召到永安安排后事时，刘备与李严一定已经对如何安排后事，包括让长于政事的诸葛亮主政，长于军事的李严主军以及如何限制诸葛亮的权力，进行过透彻的研究。刘备将政权、军权分属两人，显然就是予以相互制约，以确保刘氏天下。但是，在刘备去世后，从现有的记载来看，却怎么也看不到李严发挥他作为"托孤"重臣的作用。作为"托孤"大臣之一，尤其还是"统内外军事"这样的一位重臣的情形，为什么会长期"留镇永安"，远离成都统治中心？这显然是不合适的。李严作为一个混迹官场几十年，又有很强军政能力的人物，不可能不明白远离政治权力中心的负面效应。只能说明，此时的诸葛亮已经牢牢地控制住了蜀汉的权力，而李严已经被撇在了一边。

　　在牢牢掌控实权后，诸葛亮便开始南征南中、北伐曹魏。在这些本应由"统内外军事"的李严全权负责的军事行动中，李严要么是没有参与，要么是下降为一个负责粮草的二等角色，这与他领受的"托孤"之命是完全不相符的。能够做到这一点的，只有也只能是诸葛亮了。在《出师表》里通篇没有出现一次李严的名字甚或与李严有关的事。在北伐这件关系国计民生的军国大事上，李严，作为一个与诸葛亮并列、"统内外军事"、官拜尚书令的"托孤"重臣，却没有一点说话的机会；在诸葛亮不在成都的情况下，本应由他来主持的朝政也被荆州集团的另外一些人所取代。不管从哪个角度而言，诸葛亮这种安排的目的是显而易见的——排挤李严。

　　建兴九年（231）春，诸葛亮第四次北伐时，李严负责运粮，因为连续暴雨，导致汉中粮运中断。李严先是让人打出后主的牌子，让诸葛亮退军；当诸葛亮退军后,李严一边说军粮充足为什么要退军,一边向后主报告说是退军诱敌。诸葛亮拿出李严犯错误的系列证据,李严只得认罪,并被废为平民。历史的记载往往是掌握社会资源者或者拥有权力者的偏好,即便私人撰写的史记也不得不顾忌当权者的政治立场。所以被废为平民的李严无法将自己所受到的"不公"昭显于后世。不过,根据留下资料的蛛丝马迹,还是可以做一番分析。李严为什么要改名为李平?后来又如何赴汉中并为诸葛亮承运粮草?史书缺乏记载,后人难以知道内情。不过,两位"托孤"大臣之间产生了矛盾和权力之争当是事实。而已经手握实权的诸葛亮为排除李严权力威胁,将李严赶出权力圈子也就是必然的策略了。因此,李严之所以会犯那么低级的错误,很可能就是掉进了排除异己的陷阱。

不足三:对魏延的态度。魏延和刘备是有些缘分的,也就是说,两者之间是相互了解和信任的。早在刘琮降曹后,魏延就决定投奔刘备,只因"自襄阳赶刘玄德不着",才在长沙韩玄处栖身,只待机会。所以说,救黄忠、杀韩玄、献长沙、投刘备,不是魏延的权宜之计,而是有计划、有策略、有准备的。事实证明,魏延投刘备和刘备收魏延,对两者是双赢。在以后的取西川、夺汉中的战斗中,魏延处处冲锋陷阵,屡屡攻城拔寨,为蜀汉基业做出了很大的贡献。刘备对魏延的宠爱,是缘于魏延卓越的才能和超人的胆识。故而刘备在做了汉中王之后,提拔魏延为督汉中镇远将军、领汉中太守,这个职务相当于现在省长级别的高级官员。那么魏延接手的汉中又是个什么样的地方呢?

汉中(今陕西省西南)先是张鲁占据后又被曹操所得,汉中之战后归刘备。多年战争后的汉中大家可想而知,人口大多已经被张鲁、曹操大规模迁走;粮草、财物根本全无,基本属于被废弃的无人区。面对这一惨状,魏延所做的就是带领士卒(不过万人)甩开了膀子干,且一干就是整整8年。其间魏延也将自己的家眷整体迁至汉中,可见其忠肝义胆、精忠报国的情怀。今天的汉中还有以"魏家村"及"魏家村河"等命名的村庄、河流,也许就是魏延与其族人曾经为之奋斗的第二故乡。

刘备死后,在诸葛亮秉政期间,魏延的表现仍然堪称典范。七擒孟获,六出祁山,每一战诸葛亮都用魏延做先锋冲锋陷阵,魏延也从未辜负过丞相的重托,打败郭淮、诛杀马遵、收姜维、射伤曹操、斩杀王双、木门道射死张郃、上方谷诱烧司马懿,魏延几乎在所有的重要战役中出现且战无不胜。魏延是一个能征惯战的将才,也是一个多谋善断的帅才。一出祁山时,他曾向诸葛亮献策,要求亲帅五千精兵,出子午谷,直取长安。司马懿也曾说:"若是吾用兵,先从子午谷径取长安,早得多时矣。"可以看出魏延和司马懿在这个问题的认识是一致的,也暗示魏延的才识不同一般。可惜诸葛亮没有采纳这一计策,在诸葛亮的逻辑思维看来,魏延可以建立战功,但必须是在自己的领导下,也是自己领导的结果。然而"性矜高"的魏延却自比韩信,欲单独统率一支军队,独当一面,这在诸葛亮看来,就是要摆脱他的"领导",和自己争夺北伐的军功,这当然遭到诸葛亮的"制而不许"。魏延的性情与才能同韩信确实有很多相似之处,不协不和、桀骜不驯、善于用兵,其军事上的奇才丝毫不逊于同时代的孔明、司马懿,但在政治上却显得幼稚、笨拙。

魏延在蜀汉朝中、军中享有很高的威望。身为镇北将军(刘备当皇帝时所赐)、凉州刺史(孔明给的封赏)、丞相司马(孔明在北伐前给的官职)、前部都督(带领最精锐的部队在前锋作战)、征西大将军,封为南郑侯(破格提拔)等众多头衔,皆是对魏延实干真做中大智、大勇、大廉的可贵品质精神,以及治理汉中功绩、那份耿耿丹忠、那份浩然正气最好的回复,掷地有声。魏延在蜀汉的地位仅次于诸葛亮。至此,我们不难推测诸葛亮深知若要使自己的权势与威望在死后得到延续,必须保证自己的嫡系:蒋琬、费祎、姜维顺利地执掌朝政、军政,而魏延则是这一计划实施的最大障碍。作为地位仅次于诸葛亮的高级将领魏延,却未能参与诸葛亮的临终决策,又被安排为断后将军,从某种意义上说孔明已经授予杨仪以全军的最高指挥权。然而我们冷静分析不难发现:诸葛亮一人身死,便将兵临渭水、逼近长安的十万大军撤回,弃北伐之大业,岂不是以私废公,浪费国力。另外,诸葛亮死后,姜维也曾九次北伐,魏延的军事才干并不逊色于姜维,为何不能继武侯之志,担当伐魏重任呢? 由此可知,诸葛亮对魏延的态度——排挤打压,到最后为了排斥异己,不惜毁掉蜀汉的国之栋梁,欲将魏延置于死地。表面上看魏延之死,源于与杨仪的内讧,然而这场内讧的必然性早在诸葛亮临终前召开的军事会议(魏延未参加)上已经埋下了伏笔。这场蜀汉内部的争斗直接后果是导致魏延被残害,间接后果是加速了蜀汉政权的没落。对此,诸葛亮负有不可推卸的责任。

在此,笔者并没有贬低诸葛亮的意图,而是通过二三事以及诸葛亮与其他历史人物的关系和态度,希望为读者拼凑一个更为理性、真实的历史人物。(图 3-2-37)

(4)关羽

三国人物首推关羽,并不是因为历史上的关羽如何重要,而是关羽对后世影响之巨,恐怕是任何一个三国时期的人物所无法预见的。有学者认为关羽是三国故事传播以来最为受益的历史人物,也有人说他全面接替了

图 3-2-37　诸葛亮模具

姜尚成为中国武神的代言人。

　　民间的关羽形象，已经作为一个美学概念而出现。"头戴青巾，身着绿色战袍，手拿青龙偃月刀，足跨追风赤兔马"，这是一组活在百姓心中的雕像，其桃园结义、温酒斩华雄、身在曹营心在汉、斩颜良诛文丑、封金挂印、千里独行、过五关斩六将、古城聚义、单刀赴会、水淹七军、刮骨疗毒的故事更使关羽的形象跃然纸上，他的忠义智勇也被描摹得淋漓尽致。一个忠心不二、义薄云天的关羽就深入了读者的内心。形象与事迹将关羽的人格精神和魅力联系在一起，也是其忠、义、勇文化特征的折射，其形象特征意蕴着中国文化的道德审美标准。（图 3-2-38）

图 3-2-38　关羽模具

关羽的历史记载最早见于陈寿《三国志·蜀书·关羽传》，刘、关、张的情同手足被作为关羽的重要社会关系着重表现出来。"羽善待卒伍而骄于士大夫"，"关羽、张飞皆称万人之敌，为世虎臣。羽报效曹公，飞义释严颜，并有国士之风。然羽刚而自矜，飞暴而无恩，以短取败，理数之常也"。[12]陈寿的简略记述，为我们还原了一个较为真实的关羽。关羽其人并不是一个无名小卒，而是为蜀汉集团立过功劳，与先主情同手足，在蜀汉集团举足轻重的将军。当然这位将军也有骄傲轻敌的毛病并最终导致了他的败亡。加之关羽本来就与丞相孔明不和，二者间除了争夺权力的暗斗，更重要的是政治理念与外交策略完全相左，其言行与《隆中对》（联吴抗曹的战略方针）有悖，已经威胁到和破坏孔明与吴苦心经营的"统一战线"。公元219年，关羽发动襄樊战役，征战历时半年有余。曹操对这场战役非常重视且增派五路精锐部队对樊城进行增援。反观刘备集团直到关羽受到曹、吴绝对优势兵力的夹击以致被俘，未对荆州发过一兵一卒，蜀国对这场战役的态度不免让我们怀疑刘备与关羽之间的情同手足。从关羽自身与所处环境等因素来看，关羽在这场战役中败亡就变得再自然不过了。襄樊战役的失利，使得蜀国丧失了重要的战略桥头堡（荆州），并导致联吴抗曹策略的破产，也为后来刘备彝陵之战埋下根由。

宋代是关羽由人变神的重要时期，其原因可能是北宋南迁，偏安杭州，与金元对峙的局面，同三国时期极为相似。在此时代背景之下，汉民族的勇武气节被空前地激发起来，南宋文人十分推崇关羽。元末明初，关羽的形象在《三国演义》中得以完善和定格。《三国演义》中的关羽形象塑造在关羽形象演变史上具有重大的意义，深刻地影响着关羽形象与关羽崇拜的接受与传播。小说《三国演义》融合各种文本中不同关羽形象特质的矛盾进行互补、重构的组合，交叉运用了前时代的雅、俗文学的各种叙事话语，有说唱文学与民间传说中的故事，有文人诗歌的咏叹与议论，使关羽形象中忠、义、勇等人文精神体现出了多重内涵。作为一个定格的文化形象，《三国演义》中的关羽传递出许多相互渗透、相互关联的文化内涵。对此，自上而下的不同社会阶层，均可以进行不同程度的解读，他们从关羽这一形象内涵中抽取一些自己认可的文化属性和政治属性，并对这些具有自我属性的信息进行加工。最终，历史上那个"万人之敌""善待卒伍而骄于士大夫""刚而自矜""破坏统一战线"的关羽，被小说《三国演义》中这个关羽——雅俗共赏、具有忠义思想的儒化战将形象所取代。同时，作为历史文化符号的关羽形象融会了雅俗两方面的文化想象，具有了震慑人心的艺术感染力，进而成为民族文化的美学概念。

（5）姜维

在龙凤花烛模具里出现姜维，多少有些出乎意料，使得笔者不禁对这位历史人物产生了兴趣。姜维是三国时期的一个重要历史人物，也是小说《三国演义》中一个不可忽视的艺术形象。（图3-2-39）

据《三国志·蜀书·姜维传》记载，蜀汉建兴六年（228），诸葛亮第一次兴兵北伐，师出祁山。当时在魏国天水太守马遵手下任中郎将的姜维正随马遵等出巡视察，途中马遵怀疑姜维等有异心。于是，乘姜维不注意，马遵在夜间跑回上圭（今甘肃天水西南）。等到姜维发觉后追到城门时，城门已闭，呼叫不应。姜维不得已来到冀城。冀城县令已接到马遵的命令或者同时也怀疑姜维有疑心，也是拒门不纳。

图3-2-39　姜维模具

姜维无路可走只好投奔蜀营。小说《三国演义》中描写天水一战，姜维识破诸葛亮之计，前后夹攻，击败常胜将军赵子龙，又预设埋伏，使得向来谨慎、精于算计的诸葛亮居然败北。诸葛亮因此非常赏识姜维的文武双全、智勇兼备，赞叹他乃将帅之才。于是，调兵遣将，决计智收姜维。显然《三国演义》中的情节更加具有戏剧性，同时显示了姜维的将帅之才和孔明的鉴才之能，但两种说法可谓殊途同归，姜维归顺了孔明。

如果说"降蜀"是姜维登上历史舞台的第一篇章，那么"伐魏"就是姜维历史舞台的第二篇章。诸葛亮在世时，从公元228年至234年，曾北伐五次，小说《三国演义》有六出祁山之说，几乎是每年一次北伐，姜维自诸葛亮一出祁山归降蜀汉后，在以后的四次西出祁山中，作为诸葛亮的衣钵传人屡建奇功。也许姜维的功绩被孔明的光芒所遮掩，史书上对有关他的事迹记载很少。姜维成为历史舞台的主角是在诸葛亮去世以后，他接过伐魏大旗并大举伐魏，北伐的次数比诸葛亮还要多，据《三国志》记载，不止八次，公元238—262年之间，共进行了十一次北伐。具体战绩是：大胜两次；小胜三次；相距不克四次；大败一次；小败一次。总的来说还是胜多败少，军队损耗也是魏重蜀轻。

李贽《武臣传》中也评价过姜维,尤其是在蜀汉武臣中,仅把姜维列为"名将",其地位高于关羽、张飞、马超等诸将。《三国志·姜维传》也说姜维非常廉洁,尽管位高权重,却生活简素,远离声色诱惑,衣食住行节俭,而且好学不倦,为官清廉,堪称一时之楷模。可见历史上的姜维不仅才能不逊色于关羽、张飞,而且品德也为一时之楷模。也许历史上诸公在评价姜维时,都带有不同的政治立场和利益图谋,故争论颇多。在此,笔者学术水平低下,不能一一罗列后进行再次评估,然而还是想试图还原和拼贴出较为真实的姜维。姜维归蜀之际就受到诸葛亮垂青并赋予重任,"敏于军事,既有胆义,深解兵意","好学不倦,清素节约",表明他是一个韬略过人,操守可风的俊杰。"心存汉室"的宿志至死不渝,多次出兵北伐曹魏,尽管招致"玩众黩旅"的贬讥,却是继承诸葛亮六出祁山的遗志。姜维的北伐曹魏,对于维持衰弱的蜀汉政权的生存是功不可没的。

自孔明病死五丈原后,蜀汉人才极度凋零,加之小人乱政,蜀汉政权的亡结只是时间的问题。邓艾偷渡阴平,攻破绵竹。后主闻知,肝胆俱裂,忙向邓艾请降。后主主动投降,作为臣子的姜维只能投降钟会。但不妨做一下这样的假设:姜维投降,是不是为了在之后利用钟会的野心以及其与邓艾的矛盾,借钟会之手除去邓艾,然后再策动钟会谋反,抵抗司马昭派出的增援部队,最后除去钟会,复兴蜀汉呢?

然而令人惋惜的是,由于行事不密,军士哗变,钟会身死。而姜维终寡不敌众,遂自刎而死,时年59岁。此种假设永不得证实了。《资治通鉴》引常璩之论说:"姜维之心,始终为汉,千载之下,炳炳如丹,陈寿、孙盛、干宝之讥皆非也。"

5. 杨家将系列人物及穆桂英

在众多的模具里出现杨宗保与穆桂英,其实并不意外。因为模具的世界就是神的世界和崇信的世界。在众神中,有的是真人演化而来,如契此;有的是外来神演化而来,如哪吒;也有的是中国土生土长演变而来,如钟馗;当然也有的是演绎而来。杨宗保与穆桂英就是很好的例子。

提到杨宗保和穆桂英,我们自然会联想到三代抗辽的英雄集合体杨家将。杨家将故事在民间的流传和影响丝毫不亚于三国、水浒、西游故事,同时,杨家将故事经过长达千年之久的流播和发展,积淀了大量民间的审美趣味、价值标准、宗教信仰、心理情绪和历史想象,成为了解中国古代民间社会的一个窗口。杨宗保与穆桂英分别是杨门男将和杨门女将的代表,我们先来捋顺杨门三代英烈,以便能更好地了解杨家将。

（1）祖父杨业

根据历史记载，杨家将中最主要的人物是杨业（图3-2-40），也是杨门男将中的第一代代表人物。《宋史》中有《杨业传》，后附杨延昭、杨文广的传记。杨业是五代末期北汉的名将，今陕西神木人。辅佐刘崇，因为骁勇善战出名。多次升迁到建雄军节度使，多次立下战功，因每次战斗都能取胜，国人给他起了一个绰号叫作"无敌"。太平兴国四年（979），宋太宗征讨北汉，平时就听说过杨业的名气，很是赏识。北汉降宋后，杨业归顺大宋。因他熟悉边事，具有丰富的与游牧民族作战的经验，赵光义仍任他为代州刺史，授右领军卫大将军，长驻代州（今山西代县）抵抗辽兵。

图3-2-40 杨业模具

宋太宗太平兴国五年（980）三月，辽发兵十万攻雁门，杨业出奇兵绕到雁门关以北突袭辽军，与潘美前后夹击，大败辽兵，这就是历史上著名的"雁门之战"，杨业因此被提升为云州（今山西大同）观察使。自此杨业在辽军中声威大震，辽军见到杨家旗号无不望风而逃。杨业处理政事简单明了，对部下和士兵也宽容，所以士卒都乐于为他效力。

雍熙三年（986），为收复后晋石敬瑭割让给辽的燕云十六州，宋太宗二十万大军分兵四路伐辽。史称雍熙北伐，又称"岐沟关之战"。起初四路大军进军顺利，收复了不少失地。但随着西北路军米信部新城（今河北高碑店市）会战失利及东路军曹彬在岐沟关（今河北涿州市西南）被辽名将耶律休哥击败，宋太宗急令宋军四路大军撤退，并命潘美、杨业统率的西路军护送百姓内迁。杨业一部孤军奋战，最后负伤被俘，为表忠心，绝食三日，壮烈牺牲。雍熙北伐是宋王朝对周边少数民族政权最后一次大规模的战略性进攻，此战的失利，使宋对辽的战略关系由进攻转为防御。这个战略基调一直持续至近三个世纪后的南宋灭亡。

（2）杨延昭

杨延昭生于958年，死于1014年，是杨家将中唯一生卒年月都有记载的人物。杨延昭起初叫延朗，后来因避道士赵玄朗之讳而改为延昭。按理说一个道士的名字无须避讳，但这个道士非同一般，宋真宗将其尊为圣祖，乃赵姓皇室成员。民间俗称杨延昭为"杨六郎"，在杨家将故事中，杨延昭是杨业的第六个儿子，不过历史事实并非如此。《宋史》中记载杨业有七个儿子，杨延昭至少比其中的五位要大，他不是因为排行第六才叫杨六郎，据传是辽国人最先这样称呼他的。他们认为北斗七星中的第六颗主镇幽燕北方，是他们的克星，辽国人就把他看作是天上的六郎星宿（将星）下凡，故称为杨六郎。

杨延昭少年时，性格比较内向，不爱说话，但对兵法及行军打仗之事却非常上心，显示出了过人的天赋。杨业对他很是钟爱，觉得他最像自己，经常把他带在身边，让他经受战斗锻炼。

28 岁的杨延昭随父亲参加了宋太宗发动的第二次征辽战役（雍熙北伐）。攻打朔州（今山西朔州市）城时，杨六郎担任先锋，战斗中手臂被流矢射中，在受伤的情况下没有退却，反而越战越勇，终于攻下朔州。英雄的事迹总是难以磨灭，现今山西繁峙县下茹越乡六郎寨村和那里的一处古迹"六郎城"，就是对他的永久性纪念。

澶渊定盟之后，杨延昭因为守边有功，受到了宋真宗的信任，屡次获得升迁，被钦定为边关守将。其实早在雍熙北伐后，大宋对辽国的战略就从战略进攻转为战略防守，而澶渊之盟后，大宋的战略态度就更加消极。在这种大环境下，杨延昭的军事才能也很难有大的显现，从某种意义上说，作为攻能克、防能守的将军，杨六郎没有父亲杨业幸运。

杨延昭镇守边关 20 多年，呕心沥血，英勇善战，但他毕竟不是边关主帅，始终不过是一个指挥几千人马的普通战将。宋史对他的记载，无论功过都非常简单。有关他的英雄事迹传说、演绎甚多，在此就不提及。1014年，杨六郎病死于边关，享年 57 岁。

（3）杨文广

故事传说中，杨延昭的儿子是杨宗保，杨文广是杨宗保的儿子，也就是杨延昭之孙。这种说法没有充分的历史依据，《宋史·杨业传》记载得稍微明确一些，提到杨延昭有三子，杨文广是其中之一，但对其他二人没有提及。《隆平集》（旧题曾巩撰）记载，杨延昭的三个儿子分别是传永、德政、文广。根据这些史料我们不难确定，杨文广应该是杨延昭之子，他是杨家将的第三代代表人物。

后来戏曲小说等文学作品中的杨宗保、穆桂英等都是虚构的人物，史上应该并无其人。不过也有不少人对此存疑，民间传说多把杨宗保当成杨延昭的儿子，这种说法借助于戏曲评说的广泛传播，已深入人心。根据历史记载,杨文广死于1074年,他的出生年月则无据可考。反观杨延昭则是死于1014年,有人从二者的死亡年代出发提出疑问,文广卒年是在延昭故后整整60年,按常规推算,父子两人相差这么多年比较少见,中间若有宗保这样一代人似乎更合情理。民间对历史人物的解读有着自己的演绎方式,而这种方式往往是通俗、幽默、传奇、合理和理想化,只有这样故事人物才会被后人所记住且能够传承下去,在传承的过程中民间文学的撰写人还会在故事人物中添加作者所在时代的特性和寄望。所以,杨家将的故事传承千年,在民间戏曲、话本、评书、小说的集体推动下,已经形成非常完善的故事体系,且老少皆宜,代代传颂。

历史对杨业、杨延昭的记载本来就不够详尽,对杨文广的记载就更为简略。杨文广虽是将门之子,却没受到什么恩荫,在军中做了多年的下级军官,杨家后人的境遇可以说也是宋代"重文轻武"基本国策的一个缩影。不过,有幸的是,杨文广与宋代的几个名将,比如范仲淹、狄青、韩琦都打过交道。宋仁宗时,范仲淹经略陕西,抵抗西夏,发现杨文广勇敢善战很有才能,细问之下得知他是名将之后,就将其留在帐下做了镇将。如果没有范仲淹的赏识,杨文广可能永远都没有出头之地。

1052年,大将狄青南征,杨文广就在军中,虽然还是个无名之辈,但总算是有了些功劳。做过广西钤辖,知宜(今宜山县)、邕(今南宁)二州。这已经是中高级领导干部了。1068年,宋朝选拔宿卫将领,宋英宗认为杨文广是名将之后且有战功,将其提拔为成州团练使、龙神卫四厢都指挥使,迁兴州防御使。杨文广由此参加了对西夏的防御作战,受名将韩琦指挥。此时的杨文广与其祖上杨业、杨延昭的官阶相差无几。但与同时代的韩琦、狄青和范仲淹相比,杨文广只能用星光暗淡来形容。因此,有关他的记载有限,也是合乎情理之事。

杨文广晚年被调到河北,做定州(今河北定州市)路副都总管,继承他父祖未曾完成的抗辽事业。当时辽宋虽已达成和议,但边界争端不断。杨文广在抗辽前线做了大量的调研工作,向朝廷献上了收复失地的宏图以及攻取幽燕的详尽计划,但还没等到朝廷的回音,杨文广就一命归西,正可谓是壮志未酬身先死。事实上,即使他仍然健在,也不可能得到任何回音。作为杨家将的第三代,杨文广并没有建立能与他祖辈、父辈相提并论的功绩,这里面有着太多的时代因素。当时北宋朝廷坚守退让政策,对辽是消极和议防御,对西夏的政策也在和战之间不断摇摆。此时的宋朝积弊已深,修文偃武的风气已成,朝野上下讳言用兵,用现在话说就是维稳,杨文广不可能有更大的发挥军事才能的机会。杨文广继承了杨家将世代忠心报国的优良传统,永远不会被人忘记。

(4)杨宗保与穆桂英(图3-2-41)

杨宗保是小说中的人物,杨家将故事中杨六郎的儿子,年少有为,曾得神人所传大破天门阵,后与女中英杰穆桂英结为夫妻,生子杨文广。在《杨家将演义》中为杨业之孙,杨延昭之子,少年从军,娶穆桂英为妻。然而,正如我们前面所介绍的,杨文广实为杨延昭之子。根据《宋史》的记载,杨家三代抗辽,只录有杨业之子杨延昭(本名延朗)、杨延昭之子杨文广,其余人等皆不见于史传,而杨延昭有子名宗保也于史无证。历史对人物的采摘是非常苛刻的,况且历史的记录具有很强的时代性,记录历史者或者说掌控历史记载者,基本上就是掌控社会资源的人,所以他们对历史的采摘无法摆脱自身的局限性。而遗留下的空白,则由民间来填充,自然这种填充可以完全摆脱史实的约束,有点艺术加工的味道。也正是这种理想化的加工,才构建出了中国传统文化的基因。

图 3-2-41　杨宗保和穆桂英模具

大概是杨六郎与杨文广之间时间跨度过大,也可能是杨六郎晚年才得子,两者去世的年代整整相距 60 年(杨文广死于 1074 年,杨延昭则死于1014 年)。在这长达 60 年的时段里,杨家没有出一代英雄,未免显得过于苍白,民间就在两者之间增加了杨宗保及妻子穆桂英,这是杨家"四代"中最精彩的篇章。虽然没有史料依据,民间却对二人敬仰有加,奉为神明。在《杨家将演义》中,杨宗保少年时即随父出征,为破天门大阵向寨主穆桂英讨取"降龙木",更换斧柄。在攻打穆柯寨时,为穆桂英所擒,后与穆桂英结亲,夫妻同破天门阵。查阅杨宗保业绩也多与杨文广的事迹大体相似,如少年临阵破敌等,而其妻穆桂英却无史料考证。

　　民间对穆桂英的敬仰主要有以下几个意愿:第一,强势婚嫁。根据京剧演出的情景,把杨宗保缚绑,用刀架在脖子上硬意逼婚,这种以女性为主体的快速结婚模式,是关于穆桂英人物形象的一大创造。第二,刚柔相济。挂帅破天门阵,杨宗保不服令,桂英铁面无私,对其军棍相加,可晚上回帐,仍是柔情脉脉,尽到做妻子的义务。第三,豁然大度。在天波府里主持工作时,对男人少,寡妇多,却能懂得调节、平衡上下左右的人际关系,实现大家庭的和谐,实属不易。第四,藐视权威。面对朝廷对抗邻敌的消极政策,敢于提出自己的观点,不像当年老令公和杨六郎那种逆来顺受、负辱忍耻的行为。杨家最后归隐山林,她又是积极的支持者和实施者。第五,忠节大义。虽然立志归隐,不理朝中的政治斗争,但一旦国家需要,立刻放弃个人恩怨,率兵出征。每临战阵,身先士卒,奋勇杀敌,最后战死沙场,为国捐躯,完成了忠节大义。民间塑造了一个四代忠烈的杨门男将的整体形象,而后又演绎出了"十二寡妇征西"的杨门女将的整体形象,特别是穆桂英,可以说是杨门女将的完美形象。

　　当杨家的寡妇们凭借着自己柔弱的身躯去迎战蛮敌的时候,由男人担当的朝廷去哪了? 由男人担当的将帅去哪了? 由男人组成的军队去哪了?由男人组成的庞大的官僚群去哪了? 可见这就是地道的中国民间智慧结晶,完美、理想、充满正能量,同时又蕴含着讽刺和调侃。

　　(5)四郎探母

　　在模具的世界里有一组人像,看得出是一家三口,后请教曹海荣老师方得知是"四郎探母"。四郎就是杨家将中的杨四郎——杨延辉(图 3-2-42),又名杨延晖、杨贵。小说中是金刀老令公杨业的第四子。北宋时,宋辽常年交战。幽州战役中,杨家诸子在杨业的率领下赴金沙滩谈判,结果被辽兵包围。杨家军几乎全军覆没,四郎与部下冲出重围,却又遭遇辽将韩延寿、耶律奇率精兵四下包围,部下全部阵亡,四郎只身被捕。杨四郎被俘后,宁死不屈,慷慨陈词,但是未表明身份。萧太后很喜爱杨四郎的一身好武功,又见得杨四郎生得一表人才,于是招降四郎。四郎为报金沙滩之仇,忍辱负重,隐瞒身份,将"杨"字一分为二,化名"木易"。萧太后大喜,招为附马,将女儿铁镜公主许配给四郎。此后,二人成婚生子,难怪在模具中铁镜公主怀里报个孩子。时间像飞鸟,15 年后佘太君挂帅征辽。四郎得知后,思母落泪,被铁镜公主发现,追究情由,四郎实言相告,并请公主帮助出关探母,承诺一夜即返。公主从萧太后处骗来令箭,四郎即赴宋营,与母亲佘太君及其发妻相会。时将天明,四郎恐误限期,辜负公主母子,坚决回至辽国。萧太后得知驸马乃杨家人,欲斩之,公主苦苦哀求,乃赦四郎。杨四郎后助杨延昭打败辽国,返回汴京(今河南开封),在天波府郁郁而终。

图 3-2-42　杨四郎模具

《宋史·杨业传》记云:"业既殁,朝廷录其子供奉官延朗为崇仪副使,次子殿直延浦、延训并为供奉官,延环、延贵、延彬为殿直。"历史上的杨四郎不曾配娶辽国公主,亦没有在宋辽民族关系史上留下痕迹。明清以来,一直脍炙人口的"四郎探母"故事却把杨四郎这一人物形象推上了文学艺术舞台,故事纠结着亲情、爱情、家国恩怨,成为民间文化的一部分。"四郎探母"故事的演变,也正是历经不同时代、不同民族关系所呈现出来的民族认同意识的折射,随着民族一步步地融合,民族认同感日益增强,探母故事的演变正是见证了民族间认同过程中的微妙变更。

第四章 调研日记

——龙凤花烛的制作过程

一、调研由来

自 2006 年起,笔者一直执教文法学院汉语言文学专业的美学课程,在课程的实施过程中,会安排一个开放性的环节,就是让学生陈述自己亲身经历的美,由于美是千变万化、千姿百态且具有共同感的超功利快感体验,同时美又是非概念且具有普遍性,所以同学们的陈述对象也是多种多样,很少雷同。表面上是审美,其实是审人。教师通过这个环节可以洞察到每个同学的性情和偏好。他们对人、事、物的感受,经常会使你出乎意料,惊叹不已。我们很享受这个过程,在互动的过程可以愉快地相互学习。加之,课程安排在大四的第一学期,汉语言文学专业的同学也有一定的人文积淀,课程进行得很愉快。

在 2012 年 10 月的美学课程中,有一位叫陈雪的四川同学,课程陈述的内容就是龙凤花烛。在后来的互动环节中,笔者惊奇地发现这么好的东西竟然在嘉兴,而且就在离学校很近的航海路。为了进一步了解龙凤花烛,笔者有意策划一次针对龙凤花烛的专题调研课。具体事宜由陈雪同学安排,时间定在 2012 年 11 月底。在此非常感谢陈雪同学,不仅为我们展示了龙凤花烛,还为我们联系到了程国华老人,安排了这次专题调研的具体细节。这是笔者第一次也是最后一次看到程国华老人亲手制作龙凤花烛,这对花烛是老人为一对新人大婚赶制的。此后不久,由于程国华老人意外跌倒,身体和意识受到一定程度的损伤,健康状况也大不如从前,也就再也没有精神气儿制作龙凤花烛了。

自从这次调研课后,龙凤花烛总是在笔者脑海里闪动,也许是出于民间工艺的自身魅力和作为一个文化人的责任感,笔者真心想为这个濒临消亡的民间工艺做些什么,拜师学艺的想法在脑海中浮出。还是要感谢陈雪同学以及滕庆根先生,当然更要感谢程国华老人和曹海荣先生。当知道笔者的想法后,很是努力地促成了此事。

二、调研准备

1. 拜师

时间:2012 年 12 月 18 日。

地点:嘉兴月河街德胜文化园。

人物:程国华、曹海荣、滕庆根(策划人)、张大伟(司仪)、崔老师(嘉兴非物质文化协会)、陈慧(嘉兴日报社摄影记者)等。

笔者准备了大枣(寓意学生早日有所成就)、莲子(寓意师长苦心培养)、腊肉(代表学生心意)、芹菜(寓意学生勤奋求学)、桂圆(寓意师长功德圆满)、红豆(寓意师长鸿运高照)。整个过程较为顺利,只是国华老人由于此前不久曾跌倒受伤而带来些不便,出现些小小的插曲。在此感谢以上各位,正是他们促成了此事。(图 4-2-1)

图 4-2-1　拜师

2. 约定

2013 年阴历春节后,再次拜访程国华老人,与曹海荣约定制作一对龙凤花烛。由于当时国华老人担心外人学艺会影响作为非物质文化遗产传承人的政府补贴(作为非遗传承人,国华老人每年可以得到 6000 元的政府补贴),以及老人身体健康原因而作罢。2013 年间,数次拜访曹家,主要是做曹海荣工作,表明自己的真实意图,仅仅是将这个传承百年的手艺做一个较为详细的记录而已,拜师仪式以及媒体的报道无非是一个噱头,并非笔者本意,但其也有助于提升龙凤花烛的社会知名度。曹海荣终于答应即便国华老人无力制作,自己也会为我制作一对龙凤花烛,制作时间大体定在年底。曹海荣先生的承诺让我心里踏实了许多。程国华老人真的再也做不了龙凤花烛了吗?想想这门手艺的未来,心中不禁感慨许久。

三、调研日记

1. 紫番薯是现代的

2013 年 12 月 8 日　周日　晴

今天心情有些激动,与曹海荣先生的约定终于开始实施了。自 2012 年 12 月 18 日拜程国华老人为师以来,经过整整一年的沟通与努力,终于说动曹海荣先生答应制作龙凤花烛中的婚烛了。程国华老人年事已高,加之 2012 年底的一次意外跌倒,身体与精力已大不如前了。2012 年 10 月笔者还亲身目睹老人制作花烛,仅仅过了一年的时间,老人已经没有足够的精力制作龙凤花烛了,不禁让人感叹与惋惜。

曹时豪与程国华育有两儿两女,曹海荣先生是长子,多年来一直负责照顾老人的起居。同时我从与曹海荣先生的交往中得出,曹先生对传统文化很是喜爱。与龙凤花烛相关的器物以及家族传承下来的物品如家具、瓷器、书籍等,均由曹先生保存。所以说,曹海荣先生是继承龙凤花烛这一非物质文化遗产最合适的人选。

虽然此前曹海荣从未亲手制作过龙凤花烛,但是作为母亲程国华制作花烛时的助手,加上多年来的耳闻目睹,种种技法和制作步骤已经烂熟在心。2012 年底曹海荣先生承诺我,并真正开始制作龙凤花烛中的一种:婚烛。

今天的工作是正式制作婚烛的前期工作——番薯模具的制作。(图 4-3-1)番薯模具的制作自然是取材于番薯。对番薯的要求是要老番薯,因为老番薯不容易变形。在制作的过程中有一个小插曲:曹先生在选择番薯时无意使用了紫色番薯,本以为可以使用,但是将做好的番薯模具放置水中浸泡后才发现,紫色番薯掉色且易粉化。无奈中只能选择白色老番薯重新制作。这种情况在程寿琪、曹海荣时代是不存在的,因为他们那时代是没有紫番薯的。当问起为什么不能用木料模具替代番薯来制作模具时,曹先生的回答是番薯的材质更具有弹性,也更细腻,更利于蜡的脱落。到了真正制作的过程,番薯模具的这种特性就会体现出来。

在下午近两个小时的番薯模具制作过程中,程国华老人与儿子不停地

图 4-3-1　用紫薯制作番薯模具

争执。笔者是河南开封人,2006 年来嘉兴工作,自然听不太懂嘉兴新塍方言,只能通过大体猜测和后来与曹先生的沟通得知,程国华老人一来担心独门的家族手艺被外人学去;二来这样下去若外人学了手艺,儿子将无法成为非物质文化遗产传承人,自然不能享受每年 6000 元的政府补贴。老人与丈夫曹时豪早年从爷爷那里继承龙翔花烛店,第一代传承人程寿琪去世后,曹时豪自然就成为龙翔号的第二代传人,当曹时豪在制作龙凤花烛时,程国华则在丈夫旁边充当助手。这门手艺真正到程国华手里,龙凤花烛的很多技法和品种已经严重萎缩。后来花烛店变成杂货店,再后来丈夫去世,儿子曹海荣在嘉兴参加工作。20 世纪 80 年代老人迁往嘉兴市与子女同住,辗转至今老人暂时定居在嘉兴市航海路 157 号。老人没有退休金,一生生活俭朴,身体健康,一年 365 天,天天坚持冷水擦澡。老人亲口告诉笔者至今也不知道医院在哪里。

2. 番薯模具

2013 年 12 月 10 日　周二　晴

前天的紫番薯模具在水中浸泡后掉色且开始变小,说明紫色番薯的材质要比黄色和白色番薯更加松软。今天曹海荣先生将紫色的番薯更换为黄色的老番薯。所以,番薯的模具只能重新做。(图 4-3-2)据曹海荣先生口述:父亲曹时豪以入赘的形式来到程家。程寿琪也将毕生所学的这一独门手艺尽可能地传授给曹时豪,依照程寿琪的当时想法,孙女有了这门手艺维持一人的生计是丝毫不成问题的,何况有了曹时豪的加入帮助,自然就更可靠稳妥了。今天 86 岁的国华老人经常反复跟我说的就是:想不到!想不到! 用这三个字来形容昔日与今朝龙凤花烛的情形实在准确。

曹时豪在 1989 年因胃癌去世,去世前他自知时间不多,便将制作番薯模具的手艺教与身边的二儿子曹海明,此后每逢程国华制作龙凤花烛便由二儿子代劳制作番薯模具。今天曹海荣亲手制作花烛自然会想起自己的兄弟海明,国华老人反复叮嘱番薯模具要海明来做。但是曹海荣先生与兄弟联系未果,加之海明近期工作较为忙碌,番薯模具的制作只能由曹海荣先生代劳了。番薯模具的制作很是奇特,外行人根本猜不出手艺人在做什么,也没有看到曹海荣用什么尺寸进行测量和定制,完全靠手艺人感觉和记忆。具体步骤就是将番薯切割成预想的形状后,在硬纸板上反复打磨出想要的造型,总体要求是非常圆润光滑。由于番薯模具不像木制模具能够长久保存,所以番薯模具会定期重新制作。这些番薯模具在以后的龙凤花烛制作中作用很大,分别用来制作龙鳞、龙尾、凤麟等。(图 4-3-3)当然现在还看不出它们的神奇功效,只有到了制作时才会显现。

图 4-3-2　重制番薯模具

3. 铝制锅架

2013 年 12 月 12 日　周四　多云

今天做正式开工前的最后准备工作,包括原料、锅架、颜料、固态蜡等。曹海荣在准备过程中发现盛放固态蜡的铝制锅架有些老化且有一处已经

图 4-3-3　浸泡中的番薯模具

断裂,所以想重新制作一个,但是由于制作工具受限,经过数次尝试未果也只能作罢。(图 4-3-4)曹海荣 1986 年从老家新塍只身来到嘉兴进入运河运输公司水上派出所工作,经历了 20 世纪 90 年代的国企改革下岗,现在嘉兴水上派出所做一名保安,工作一天(24 小时)休息一天,月收入 1500 元,妻子在一家超市工作,收入与曹海荣大体相当。儿子这两年要买房结婚,所以经济压力比较大。由于儿子买房资金缺口比较大,曹海荣有意变卖祖上传下来的家具。所以龙凤花烛的制作只能在曹海荣休息日的下午来完成。几天工作接触下来,国华老人心情时好时坏,不是很稳定。儿子制作时在旁边唠唠叨叨,母子两人很容易发生争执。这让在一旁记录的我不是很自在。曹海荣觉察到后,向我解释。另一个印象就是国华老人和曹家生活非常简朴,与人言谈很是实在,待人诚恳,这也许就是传统手艺人的特有素质吧。

4. 龙的诞生

2013 年 12 月 14 日　周六　晴

前期的准备工作齐全了,木制模具已经在水里浸泡了三天,番薯模具也已经制作就绪了,五颜六色的固态蜡也纷纷出场。它们有序地排列在特制的架子上,好像艺术家的调色板。(图 4-3-5)炉子点着了,这种炉子是传统烧煤球的,20 世纪 80 年代在上海的弄堂最为常见。笔者在外婆家(80年代上海市河南南路市皮弄)玩耍时印象较为深刻,清晨人们笼着炉子开

图 4-3-4　制作工具老化

始一天的生活,这个场景特别有生活气息。这种煤球炉子便利且使用成本低廉,能够保证锅里的沸水保持恒温,以确保蜡的液态。

图 4-3-5　五颜六色的固态蜡

实质性的制作开始了。首先将红烛固定在硬板纸上,便于制作时托拿。(图 4-3-6)所使用的红烛是蜡烛厂定制的,蜡体很实且表面不会脱落。

目前寺院所出售的蜡烛表面容易脱落不适合制作。最先制作的是龙尾巴，使用的模具就是用番薯制作的，其外形类似三角形。待到固体蜡融化，实质性的制作就开始了。（图4-3-7、图4-3-8）曹海荣介绍制作一对龙凤花烛需要一周时间，折合工时就是40个小时，单按工时费计算要1000元，再加上材料费用，用现在标准估价，一对龙凤花烛的售价应该在1500元左右。

图 4-3-6　固定红烛

图 4-3-7　制作龙尾

图 4-3-8 蘸染液化蜡

（1）龙尾的制作

先期的制作是从龙尾开始自上而下地制作，红烛的最上端应该是龙尾，将长三角形状的番薯模具先粘上金粉，然后再粘上液态蜡后快速地固定在蜡烛上，此时番薯模具就发挥了其质地细腻柔软的特点，在轻微的作用力下能够快速与凝固的蜡脱离，依此法反复制作十一次，从而完成龙尾部分的制作。（图 4-3-9）

龙的造型作为中国民间传统文化中的经典符号，经过了数万年进化发展而来，是最具代表性的华夏民族图腾，也是国粹级别的文化符号。其中角似鹿，耳似牛，头似驼，眼似兔，颈似蛇，腹似蜃（牡蛎），尾似鱼，爪似鹰。人们还分别赋予龙各部分以深刻寓意：剑眉虎眼象征威严英武；鹰爪代表勇敢果断；鲶须阔额表示聪明智慧；鱼尾蛇身显示灵活机敏；狮鼻虎口象征富贵吉祥；马齿牛耳表示勤劳和善良；脊上节梁锥刺寓意气节；腿上火焰披毛象征神圣、辟邪；鲤甲表示护身自卫；鳞角表示长寿。龙形象的进化，不仅记录我们祖先原初对蛇的崇拜和将蛇作为图腾（我们祖先中的神人、英雄皆为人面蛇身，比如伏羲与夏娃），同时也记录了以蛇为图腾的部落不断进化过程中兼并其他部落的标志，比如，当兼并和战胜以鹿为图腾的部落，为了纪念这一伟大功绩就将鹿角并入自己的图腾，在原来的蛇图腾中加入了鹿角，在以后的部落兼并和征战中以此类推，鹰爪、鱼尾、马齿、牛耳等不断出现，最后形成了今天龙的形象。这个过程极其漫长且充满浪漫主义色

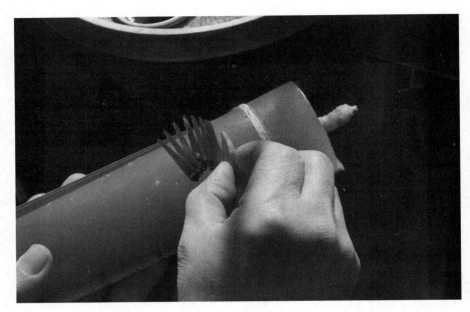

图 4-3-9　龙尾成型

彩,从某种意义上说,龙的产生是对这一漫长历史的记录,它不同于文字,而是通过图腾。如果说,龙的演变源于以蛇为图腾的不断壮大和兼并其他部落,那么凤的形成和演变则与龙的形成有着殊途同归之妙。所以说,蛇和鸟是飘扬在华夏大地上的两面伟大图腾旗帜,在随后的部落兼并过程中,蛇演变成了龙,鸟演变成了凤。

对于龙、凤的造型,人们已经非常熟知了。龙凤花烛上的龙造型除了刚才我们提的龙尾,还有龙鳞、龙腿、龙脊、龙头、龙角、龙鬃、龙眼、龙须、龙爪等,且栩栩如生。

(2)龙鳞的制作

龙尾制作完毕后,接下来就是龙鳞的制作,所使用的模具是两种番薯模具,一种模具形态呈鱼鳞状,另一种形态接近正 V 字形鳞状造型且上面还有 Y 字形纹样。其制作工艺与龙尾制作相似,只是缺少了粘金粉的环节,龙鳞的颜色是青绿色,所以模具粘的液态蜡也是青绿色液蜡。龙鳞呈 S 状从龙尾处双排自上而下有序排列,形成蛇状造型,沿蜡烛从上而下排列,从而形成龙的主干。(图 4-3-10)

(3)龙脚的制作

整个花烛中的龙造型以及龙各个部位的分布都在制作者的脑海里,事

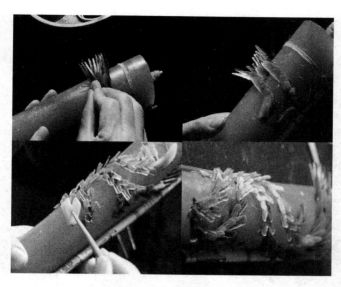

图 4-3-10　制作龙身

先并没有设计图样,这就要求制作者对花烛的整体造型非常熟悉,它完全靠制作者凭感觉进行制作,有点像中国画中的写意创作,全凭作者意念和想象力。红烛圆柱体的面积并不是很大,况且有三分之一的面积用来固定,留给制作者"施展"的空间事实上十分有限。所以对作者的功力要求较高,不仅要有"写意"还兼顾"工笔"的成分。龙脚的制作方法与龙鳞的制作基本一样,所不同的是使用的模具,同为番薯模具,其造型则是正三角形有序排列成三角状腿型。四个龙脚的分布非常重要,因为四个脚要给人腾跃的动感,这是对艺人较高的要求,从会做到做出神采需要艺人有"心"才能做到。程国华老人提示自己的儿子要"朗朗脚儿",曹先生解释,这是对龙脚造型的提示:不要太密也不要太疏!(图 4-3-11)

　　程国华老人的情绪还不是很稳定,时好时坏。这两天反复与儿子发生争执,曹海荣开始还敷衍两句,后来母子的争吵就升级了。最终的结果都是老人沉默地坐下。作为记录者的我刚开始很是不适,由于听不太懂新塍方言也只能不吭声。争执的焦点大概是:老人认为儿子做不好,不要在这上面浪费时间了,有空还是去做做其他事情。我推测,老人对这门手艺的态度已经灰心了。老人的关键词是:做不好的、没用的、一点点儿也没用的。虽然争吵很激烈,老人最终还是选择沉默,气呼呼地坐在那张专属于她的藤椅上。不过有趣的是,但凡儿子在制作过程中遇到困难或不解询问母亲的时候,坐在一旁的老人就会从凳子上快速站起来认真聆听后详尽解

图 4-3-11　龙脚造型

答,动作之快很是出人意料。老人对待这门手艺的专业问题总是表现出谨慎和虔诚的态度(图 4-3-12),让在一旁记录的我很是感慨。这门手艺虽然已经式微,但国华老人仍然可以通过它与自己的丈夫和爷爷"联通",这种心境感受仅仅属于国华老人。

关于母子的不断争执,曹先生事后也向我解释:老人像个小孩子;加上自己脾气大不如以前(大概更年期的缘故)温和,动不动嗓音马上响起来了,争吵过后也觉得挺后悔,不应该和自己的母亲大喊大叫。其实,在一旁记录的我虽然开始对母子之间的争执有些不适,但从不会紧张。因为母子终归是母子,不管他们之间发生了什么,神奇的血缘关系都会将他们的隔阂融化掉。(图 4-3-13)

每逢制作花烛的日子,我都会提前到老人的住处,那是临街的两房。由于老人坚持独自居住,曹海荣还有附近的亲戚每天都会时不时送来些吃食。上次老人在家中意外跌倒无力站起,也是曹海荣送饭食时发现的,当时老人情况比较危险,还好及时发现,得以救护,才避免进一步恶化。这个住所也是我们制作花烛的场所。我时而也会碰上老人独自吃中餐。老人肯定是在家的,我也肯定能看到老人灿烂的笑容,虽然老人吃得非常少而简单,且大多是住在五楼的儿子带下来的饭食,即使这样,老人也总是亲切

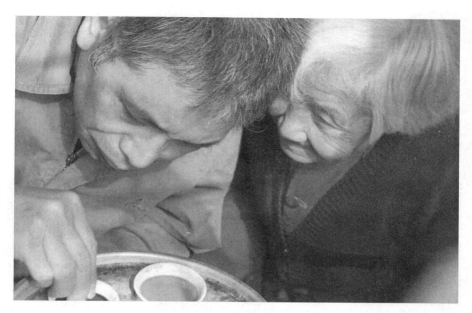

图 4-3-12 在一旁指导的程国华老人

图 4-3-13 母子二人

地问我吃过没有。老人也知道我的工作和来的目的,但是半年后的情形却完全不同了,她已经不记得我了,但是老人脸上的微笑依旧还是那么灿烂。
(图 4-3-14)每年的阴历十月到来年二月是制作花烛的时间,由于蜡自身的
特性,气温高了对花烛的造型和制作都会有影响,蜡体开始软化,像是鲜花
盛开过后蔫了的感觉,显得无精打采。看似是巧合,但细想想肯定是必然,
传统民间结婚日子大多在这段日子,毫无疑问龙凤花烛就是为这个大喜日
子而专门设计的。所以我们推想每年的这个时段正是婚嫁高峰,也是一年
中农民最闲且消费力最旺盛的节点。一年气候较冷的时段,也是当年龙翔
号花烛店一年中生意最红火的时候。

图 4-3-14　笑容灿烂的国华老人

　　(4)龙脊的制作

　　龙脊的制作是整条龙制作过程中较为出彩的环节。龙脊的造型为宝
剑形且为黄色,与周围青绿色的龙鳞形成对比。由于长约 5 厘米的龙脊一
端固定在红烛上,而其余部分则是腾空翘起且连成一排,颇具动感、威风、
气势,很是好看。(图 4-3-15)

　　(5)龙头的制作

　　龙头的制作可以说是整个龙凤花烛制作中最为重要,也是最繁杂和出
彩的环节。龙头的结构大体上是由两个半球状组合而成。首先将木制龙
头模具浸沾白色液蜡后拿出,将这套动作反复 3 至 5 次,以保证龙头蜡体的

图 4-3-15　制作龙脊

厚度,强化龙头整体的牢度,以方便后期制作中在龙头上进行叠加装饰。用同样的方法制作同样一个半球状蜡壳。将两个半球状的蜡壳组合在一起就是龙头的雏形了。(图4-3-16)在此基础上追加龙的牙齿和龙的舌头。牙齿和舌头使用白色的纸张剪裁而成,根据龙头的大小进行配置,牙齿浸沾白色液蜡,舌头则浸沾红色液蜡。之后,再通过液蜡固定在龙头相应的位置即可。给脱模后的龙头雏形加上牙齿和舌头,根据龙的形态固定在红烛上恰当的位置。固定工作是复杂和严谨的,除了利用液蜡进行先期固定外,还要利用图钉原理,使用小钳子将一个极微小装置(类似图钉)镶嵌固定在红烛上,从而使龙头在红烛上的牢固性得到保障。这时候将另外一个半球状蜡壳与之相黏合,黏合的方式自然还是使用液态蜡。(图4-3-17)在曹海荣黏合的过程中,国华老人也参与进来,而这一次并没有发生争执。母子两个人很是和谐,在这种氛围下大家显得很自然,曹海荣制作得也很从容自信。即便是这样,看得出,两个蜡壳的黏合还是颇费功夫,曹海荣不遗余力地在黏合处灌注液蜡,毕竟这可是龙头,容不得有半点闪失。

(6)龙角的制作

龙头固定完毕后,紧接的工作就是制作龙角了。制作龙角的模具非常有意思,它竟然是萝卜须。通过这个现象我们可以洞察出,手工艺者的聪

图 4-3-16　龙头雏形

图 4-3-17　黏合后的龙头

慧和生活化。将萝卜须浸沾在白色液蜡中后拿出，并且反复2至3次，也是
为了保证龙角的牢度，使之具有硬挺感。而后，使蜡壳与萝卜须脱离就形
成了极具造型感的龙角造型（图4-3-18），而且造型很是自然，就像是真的生
长出来的一样。为了保证龙角的质量，曹海荣在众多的萝卜须里挑选造型
上好的分别制作一对龙角以做备用，这个过程其实是在考验艺人平时生活
中对中国文化的关注，特别是对龙的细心洞察，足见优秀艺人的好学与严
谨。可以确定曹海荣这种作风是从龙翔号第一代传人程寿琪那里继承而
来的。将做好的龙角用烧热的细铁条粘沾液蜡固定在龙头上，这个工作要
求细心，液蜡通过细铁条一滴一滴地坠落在需要固定的部位，随着液蜡的
坠落，在需要连接处液蜡也随之凝固起到固定的作用。这确实很奇妙，是
艺人的绝活，也是艺人的智慧。随着龙角的安装完毕，龙头的形态也越发
明显了。（图4-3-19）

图 4-3-18　制作龙角

（7）龙眼的制作

在龙凤花烛中，龙的眼睛很是特别。它让我想起了出土于三星堆的青
铜人物的眼睛，是完全凸出来的。有人解说那是为能够看得更远，洞察世
间的一切；另一种说法则是当时群体部落长期缺盐而患甲亢所致。在这里
笔者更倾向于前者，眼睛突出更加生动威武，具有神秘感。

图 4-3-19　安装龙角

　　画龙点睛是形容画技高超。在龙凤花烛的制作中也存在着画龙点睛的精湛技艺。将金属质针状物(暂且称为铁针)在炉子内加热后取出,浸沾黑色液蜡,由于铁针温高,蜡滴极易脱落,所以要求制作者快速、精准。滴落的黑色蜡滴刚好与凸起的白色龙眼自然固定的同时小蜡滴遇冷固定形成球状。至此,作为旁观者自然感叹民间艺人的睿智和技艺的绝妙。

　　龙眼的制作和龙角的制作有异曲同工之妙,所使用的模具也是萝卜须,长度不过龙角的三分之一,方法与龙角的制作一致。所不同的就是在前端粘沾黑色的液蜡以作为眼球。而后通过液蜡固定在龙头设定好的位置上,固定方法也是使用白色液蜡,与龙角的固定方法一样。(图 4-3-20)在这里需要强调的是,龙角和龙眼使用萝卜须作为模具,除了取材精妙外,还有就是可使制作出来的龙角和龙眼呈三维立体状,这与江浙其他地区的龙凤花烛有很大的区别。

　　(8)龙鬂毛与龙须的制作

　　龙头上的叠加装饰应该是龙鬂毛,这样可以使龙显得威猛和尊贵。龙鬂毛的制作和填充需要耐心和小心,在狭窄龙头上填充若干个鬂毛并不是简单的工作。将木制鬂毛模具,先沾上金粉,再浸沾深蓝色液蜡后迅速和龙头结合,这样反复制作若干次,关键的步骤是如何有序地将每一片鬂毛

图 4-3-20　固定龙眼

排列在龙头两侧,还要龙头左右对称,看起来很威风,加上鬃毛上面有非常明显的纹样,这种纹样有点像孔雀羽毛上面的图案,细腻且色彩炫丽缤纷。(图 4-3-21)鬃毛的填充使得龙头形态变得丰满生动许多,整个龙开始栩栩如生。

　　接下来的工作是制作龙的下胡须,下胡须自然是粘贴在龙的下巴上。制作下胡须的模具是番薯模具,其造型是细长的三角状。由于模具很是细小,无法用手拿捏操作,曹海荣借助木锥子先行扎定在模具上后制作。(图 4-3-22)将每绺胡须整齐排满在下巴上即可,仔细数下来胡须共计五绺,其色彩呈金色,自然与下巴黏合前是粘沾金粉的。

　　在龙的胡须中,除了龙的五绺下胡须还有两条很是夸张的上胡须,其造型很像鲶鱼须(图 4-3-23),呈 S 状。具体制作是先将白色纸张裁剪成"S"状,然后粘沾红色液蜡,再固定在龙头事先设定好的位置上。由于是大红色 S 状线条,具有很强的形式美感,作为胡须装饰在龙头上有很强的戏剧感。

5. 龙飞凤舞

2013 年 12 月 22 日　周日　晴

　　嘉兴的天气确实很支持我们的工作,每次进行调研和记录,都是阳光明媚,特别是对照片拍摄很有利。国华老人自 2006 年从别处搬到航海路已经 8 年了,这样的安排还是为了尽可能与儿子海荣住得近一点方便

图 4-3-21　画龙点睛

图 4-3-22　给龙下胡须上色

图 4-3-23 给龙上胡须上色

照顾。

上午 11 点 30 分,曹海荣忙完家中杂事下楼准备工作。曹家四口住在五楼五十几个平方米的单元房,除了上班,曹海荣每天负责买菜、搞卫生、烧饭(老婆、儿子和儿媳的便当也是由曹负责)等烦琐家务。我偶尔会到曹家,给我的感觉是简朴、狭小,但很是洁净,几乎是一尘不染。这是典型的江南家庭,曹海荣也是典型的江南男人,勤奋、淳朴、整洁、节俭、细腻、顾家。

(1)龙的成型

曹海荣很快就投入工作。首先是生炉子。在现代生活环境中生炉子已经不多见了。我认为做花烛的炉子没有被其他现代灶具所取代有两个原因:一是艺人的习惯;二是节俭。使用煤球炉子的成本比起现代灶具要低很多。当固态蜡渐渐融化,做龙须、装龙须的工作就开始了。将纸质龙须在红色液蜡中浸沾后固定在龙头上即可,整个过程较为简单。随着红色龙须的安装,龙头的叠加装饰也就全部完成。(图 4-3-24)

整条龙制作的最后一步是龙爪的制作和安装。同样也是使用木制模具,其造型类似鹰爪,浸沾白色液蜡,利用液蜡遇冷即凝固的原理,使其与红烛黏合,四只龙爪的位置自然是在四只龙腿的下端。至此,一条活生生

图 4-3-24　龙头完成

的龙呈现在我们眼前,占据了红烛大部分面积。(图 4-3-25)红烛柱体的三分之一由于与硬纸板固定便于拖拿制作,是无法进行制作的。但据曹海荣回忆,程寿琪老人可以做出围绕红烛柱体一圈的龙即滚龙,是将红烛两端悬置在特制架子装置上,使红烛转动自如便于制作。至于进一步的细节信息,曹海荣自己也无从知晓。我们可以设想一条生动的龙紧紧围绕在红烛的柱体上,从不同角度都可以看到龙的身影,整个红烛被叠加的装饰完全包裹。讲到此处,曹海荣也是很遗憾。由于制作好的龙凤花烛无法长期保存,程寿琪时代虽然已经有了摄影技术但并没有广泛普及,仅用于记录人像,所以对当时龙翔号的典型作品没有记录(也可能当时摄影成本较高)。今天的我们如果不进一步挖掘整理、复原和记录,我们的后代对龙凤花烛的认识和理解只能通过字面或是凭借想象力了。

　　(2)凤的制作

　　凤的制作在另一根红烛上进行。起先将裁剪好的凤头造型纸样在白色液蜡中浸沾后,用白色液态蜡将凤头与红烛固定,其位置与龙头在红烛上的位置大体相当。与龙头三维立体的造型不同,凤头是硬纸做成的。凤头的脖颈处与红蜡粘连,其余部分则是腾空而起,虽然是平面造型却显得轻盈、动感,有跃跃欲试的姿态,符合凤凰灵动飞舞的个性特征。凤凰的身体以红色和白色羽毛组合而成,其形态呈火焰状或者是丰满的鸟体状。羽

图 4-3-25　龙须形态完成

毛在红烛上制作呈现火焰状排列,使用切面为三角形的番薯模具浸沾液蜡后直接黏合在红烛上,最外层为白色,里层为红色。白色和红色羽毛在红烛上显得特别光鲜、亮丽、生动。(图 4-3-26)在羽毛排列后的中央部分,也就是火焰状的中心,曹海荣使用木制模具进行装饰,模具的纹样就是孔雀羽毛中的纹样。先将模具粘沾绿色液蜡后粘沾金粉粘连在红烛上,排列方式与羽毛的排列方式保持一致,自上而下。由于金色纹样的添加,凤凰自然就添加了华丽富贵的气息。(图 4-3-27)

　　凤凰翅膀的制作应该是凤凰造型的重点,不能设想凤凰没有翅膀将会怎样。对翅膀的制作,曹海荣显得小心谨慎。首先,将裁剪好的硬纸翅膀造型在白色液蜡中浸沾后,在羽翼处粘上金粉。翅膀的造型让我想起了天使,与天使翅膀不同的是,龙凤花烛上的凤凰翅膀是平面造型,对硬纸板的裁剪很细微且精确。(图 4-3-28)其次,在翅膀上加装羽毛。在 5×5 厘米左右的面积上加装三层羽毛:第一层是白色;第二层是红色。所使用的均是番薯模具,这个时候可以看出番薯模具相对于木制模具更容易使蜡体脱离,也更易与固态蜡黏合。第三层羽毛使用的是具有美丽纹样的木制模具,浸沾液蜡之前模具先粘沾了金粉。这时候羽毛就有了两层是蜡和金粉,金粉洒在蜡和模具之间。当羽毛与红蜡粘连脱落后就具有了金粉效果。正是由于这一金色羽毛的排列,凤凰翅膀的造型和效果得到了强化。(图 4-3-29)正当第一个翅膀即将完成的时候,一直在旁边观看的国华老人开始讲话了,指责儿子所做的凤凰翅膀羽毛之间排列不够紧密。母子二人经过争执后,曹海荣选择了重做。

　　返工后的凤凰翅膀证实了老人的话是对的。作为外行的我,并没有意

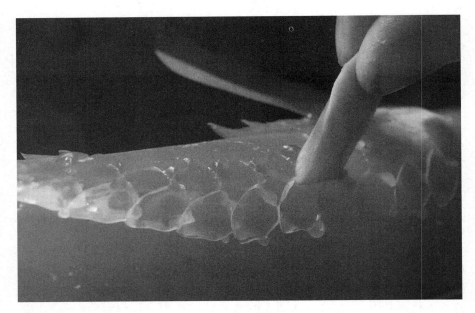

图 4-3-26　凤羽

图 4-3-27　凤羽上色

识到先前做的翅膀有什么不妥。但当重做完毕进行对比后就发现,羽毛排

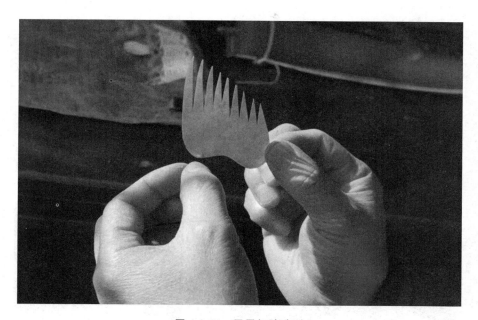

图 4-3-28 凤凰翅膀造型

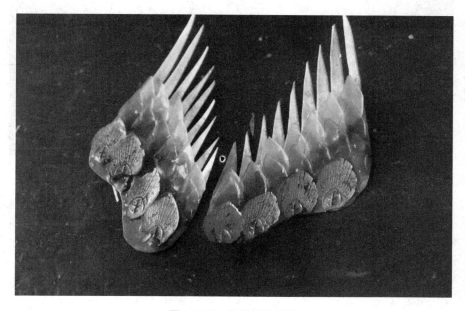

图 4-3-29 凤凰翅膀成型

列紧密是很重要的。老人不无得意道："红是红，白是白，绿是绿，做什么生活都要有规格！"平时争吵大多占上风的曹海荣这时不吭声了！

　　一双彩色凤凰翅膀经过返工后终于新鲜出炉了，接下来的工作就是安装了。一对翅膀分别安装在凤凰身体的两侧，利用液蜡遇冷凝固的原理，将细铁条加热后浸沾液蜡快速滴落在需要固定处，有点类似现代技术——焊接。将翅膀的根部与红烛固定（图4-3-30），使得一对翅膀有腾空之势。由于翅膀自身有一定的重量，在与红烛固定"焊接"的时候曹海荣有意多加注了一些液态蜡，以保证结合处的牢度。当一对翅膀装在凤凰身体的两侧，一个活生生的凤凰雏形就展现在眼前，与另一支红烛上的龙比较，凤凰更具有轻盈、灵动、光鲜、富贵、升腾的意味。

图 4-3-30　固定凤翅

　　金色的凤凰羽毛不仅仅局限在凤凰的身体上，这种极具代表性的金色羽毛要不断延伸到凤凰的脖颈直至头部。当金色羽毛装粘完毕后，从凤凰身体（在红烛上的部分）到脖颈（硬纸板上的部分）完全被金灿灿的羽毛所覆盖。凤凰造型更加整体、饱满且金碧辉煌、神采奕奕。（图4-3-31）

　　凤冠的制作很是精细，在小小的凤头上要求连续排列五个细小的装饰。凤冠的装饰使用木制模具，其纹样有羽毛状的精细纹路，同样也要粘沾金粉，浸沾红色液蜡固定在凤凰的头顶。由于羽毛和凤凰头顶的面积均

图 4-3-31　凤凰成型

很狭小,固定工作就需要比较精准。特别是五根金色羽毛需要有序交错排列,操作过程就更加显得精工细作。凤凰下巴处还有两片红色装饰,有点类似公鸡下巴处的胡。在整个凤凰头部装饰中最为精彩的就是眼睛的制作,首先使用木制模具浸沾白色液蜡固定在适当位置,凤凰的眼睛造型呈细长条状。(图 4-3-32)精彩之处就是点睛的技法:将细长的铁针加热到一定程度,从煤炉拿出针状一端浸沾黑色液蜡后快速将一滴液蜡滴落在白色眼睛上,由于液态蜡滴遇冷凝固,这滴黑色液蜡瞬间就凝固成黑色蜡珠,映衬在白色眼睛上很生动。(图 4-3-33)这种点睛技法很是绝妙,体现了制作者生活中的长期积累、无限想象力和液蜡工艺技法的纯熟。

6. 国色天香

2014 年 12 月 26 日　周四

中午 12 点不到,我就来到老人住处。曹海荣还在楼上,老人独自在家注视着这对尚未做完的花烛。看到我进来,老人感慨:"想不到,爹爹(嘉兴方言称祖父)讲(有这门手艺)把自己养活是没有问题的,想不到! 想不到(今天却很少有人来购买)! 爹爹是个老好人,对不起爹爹! (没有把这门手艺很好地传承下去。)"老人的神态和言语给我的感觉很伤感! 是啊,百年前的艺人哪里会预测到后世的剧烈变迁,农之后恒为农(农民的后代永

图 4-3-32　制作凤眼

图 4-3-33　点睛

远从事耕种)、工之后恒为工(工匠的后代也永是匠人),这种传承几千年的模式造就了伟大的华夏文明,然而这种模式遭遇了外来文化的强势冲击和自身盲目更替。就像万人瞩目的圆明园,经历了近一个半世纪的建设和扩建,虽然遭受了英法的洗劫和损毁,但是更致命的破坏则来自英法联军洗劫之后,国人长期的蚕食和损坏。在这场泥沙俱下式的对自身文化的盲目更替过程中,宏伟到极致的皇家园林都沦落至此,更何况民间技艺中的龙凤花烛。国人对自身文化的自觉需要时间,只有当全民对自身文化自觉,中华的伟大复兴才会实现。令人高兴的是,今天我们的工作就属于这个范畴,至少我们在对龙凤花烛进行整理和记录。虽然只有点滴之力,终究是文化长河的组成部分。让我们继续吧!

(1)牡丹花的制作

牡丹花让我想起了洛阳牡丹节。国人对牡丹的喜爱源于她的艳丽、硕大、芳香、喜庆、富贵、雍容华丽,故又有"国色天香"之称。在清代末年,牡丹就曾被当作中国的国花。即便在今天,牡丹仍然是中国艺术形式作品中的主要角色,特别在国画中其出镜率很高。作为喜庆用品的龙凤花烛自然少不了牡丹。牡丹花制作在饼干大小的圆形硬纸板上,中间有一根细铁丝与纸板固定,下端外露约10厘米呈螺旋状,这样的设计首要考虑的是最大限度减弱源于细铁丝带来的震动,保证牡丹花不受损坏;同时便于拿捏制作和与红烛插合。制作牡丹所使用的模具是番薯制花瓣状,花瓣的长短是根据模具浸沾红色液蜡的深浅而定。由于花瓣模具无法用手拿捏制作,在一旁的国华老人为儿子找了件类似筷子的木制锥子,教曹海荣木锥子如何与模具插定以便于制作。首先从圆形硬纸板的外延开始制作,一瓣一瓣顺时针铺开,一圈一圈向中心延伸。(图4-3-34)国华老人在旁边反复强调"要排得紧",虽然曹海荣是第一次制作龙凤花烛,但是看得出每一步的制作都很从容,除了细小的拿捏有些偏差外,整体制作非常流畅,这与多年的观察和积累不无关联。第一朵牡丹制作完毕后(图4-3-35),曹海荣紧接着制作了第二朵。很显然,熟能生巧,巧能生精,精能生神!国华老人在旁边像观看一个孩子任性地游戏,不停地摇头且带着微笑。

(2)会飞的花朵

蝴蝶是美丽的昆虫,就好似会飞的花朵时常吸引人们的眼球,特别惹小孩子的喜爱。它在令人赏心悦目的同时,也体现出联想和回归大自然的心境。蝴蝶是幸福、爱情的象征,它能给人以鼓舞、陶醉和向往。中国传统文学作品中常把双飞的蝴蝶作为自由恋爱的象征,这表明人们对自由爱情的向往与追求。同时,蝴蝶忠于情侣,一生只有一个伴侣。由此,蝴蝶又被人们视为吉祥美好的象征,如恋花的蝴蝶常被用于寓意甜美的爱情和美满

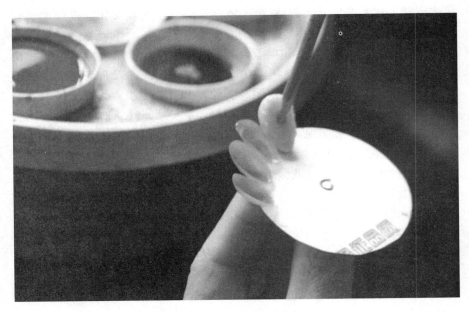

图 4-3-34　制作牡丹花瓣

图 4-3-35　牡丹成型

的婚姻,这一点与龙凤花烛所推崇的寓意是完全一致的。有了牡丹花再加上数个会飞的花朵——蝴蝶,龙凤烛上的叠加装饰就尽善尽美了。蝴蝶是整个龙凤花烛制作过程中,工序最为烦琐、使用模具最多的饰品,其工序达到 10 步,模具使用的数目超过 5 个。蝴蝶的制作是配以牡丹和花簇,加上蝴蝶触角和固定在红蜡上所使用的均是细细的铁丝,微风拂过蝴蝶就会微微地晃动,很是逼真、生动。毕竟是生平第一次亲手制作,曹海荣在制作蝴蝶时显然信心不足,特别是第一步:如何将第一个蝴蝶翅膀固定在一个 1 厘米见方的正方形硬纸板上。思考一会儿只能请教一旁的母亲,国华老人很愉快地接受了儿子的请教,并亲手示范,极为认真谨慎地做出了第一个蝴蝶翅膀。经过母亲的点拨,曹海荣马上就顿悟过来,开始按部就班制作起来。首先,将有蝴蝶纹样的木制模具粘沾金粉后浸沾绿色液蜡固定在硬纸板上端的两侧作为蝴蝶的两个翅膀,而后将蝴蝶翅膀纹样粘沾金粉后浸沾红色液蜡固定在小硬纸板的下端,制作出蝴蝶的另外两个翅膀。(图 4-3-36)

图 4-3-36　制作蝴蝶

从蝴蝶翅膀模具的种类来看,蝴蝶翅膀纹样很是丰富。当我问起可否用其他纹样的模具来替代时,曹海荣示意我看有些模具已经严重磨损甚至断裂,很难制作出完美纹样。至此,笔者不禁感慨模具可以说是制作龙凤花烛的魂魄,模具的老损对龙凤花烛的消极影响是显而易见的。我仔细清点了制作蝴蝶翅膀的模具,其不同模具的纹样很是丰富。在国华老人的坚持下,曹海荣尝试使用不同的模具制作蝴蝶。一来是避免蝴蝶造型的重复,二来是检测模具的完好程度。当第二种蝴蝶翅膀制作出来后,我们惊奇地发现蝴蝶翅膀有一部分竟然是镂空的。这种设计使得蝴蝶更轻盈灵动(图 4-3-37),不禁让人感叹原初的制作者对不同蝴蝶的细微观察和模具制作时的精妙。

图 4-3-37　蝴蝶翅膀完成

蝴蝶的身体部分是利用木制模具的圆润凸处浸沾白色液蜡制成的独木舟形,由于蝴蝶身体非常窄小,要使用锥子扎起后浸沾白色液蜡(图 4-3-38),固定在四个翅膀的结合处,看上去很是饱满。蝴蝶眼睛的制作方法即前文所提到的点睛法,所不同的是这次细铁针浸沾的是红色液蜡。最后,蝴蝶的触角是将事先做好的一对弹簧状细铁丝加热后插定在蝴蝶头部顶端。至此,一只栩栩如生的小蝴蝶就做好了。(图 4-3-38)如此反复,曹海荣一共做出八只蝴蝶,有趣的是,曹海荣将做好的蝴蝶插定在肥皂上备用。想来也是,肥皂与蜡烛的质地真是很接近,很好地解决了蝴蝶的存放问题。

在今天的制作中,有人来看曹海荣家的老家具。这些家具是程家祖上留下来的,一直伴随程国华从新塍观音桥迁到嘉兴市航海路。这些家具质地和品相都还不错。交易是由嘉兴日报的记者牵的线,一个姓姚的嘉兴房

图 4-3-38　蝴蝶完成

地产商感兴趣特地来看看。经过反复的商谈与鉴定,最终姚姓商人以 15 万元的价格对曹家的家具(梳妆台、大衣柜、橱柜等)、瓷器、杂项(程国华的化妆盒、旧式皮箱、古钱等)进行整体收购。曹海荣事后同我讲,要不是儿子的新房要用钱装修肯定是不会卖的,想想自己是个败家的人,把祖上的东西都变卖了。程国华老人也是一脸惆怅地对我说,没了,什么都没了。

　　由于近些年中国城镇化步伐的加快,特别是江浙一带村镇面临着拆迁,一些旧式家具已经无法适应现代居住环境,比如旧式的雕花大床根本就不适用于现代的楼宇居所,民间就涌现出对旧式家具的收购热潮,其中大体可以分为两类:一是出于对旧式家具的喜爱而收藏,比如前面提到的姚姓地产商就是一例,是一种文化自觉行为,也是对旧式家具和传统文化的保护形式;另外一种收购,就是对旧式家具进行破坏后取出可利用的材料,比如,将旧式家具破坏性拆卸取出其中的红木部件,然后将这些名贵的木材再进行重新组合以谋求暴利。后一种收购无疑是杀鸡取卵式操作,是对传统家具文化的严重破坏,不值得提倡。

　　7. 面对采访

2013 年 12 月 28 日　周六　晴

今天阳光明媚,但是进入阳历年最后几天,嘉兴的天气很冷,零摄氏度左右。在这种天气情况下，出现了一个奇怪的现象，室外温度高于室内温度（中午时分），所以这个时间国华老人喜欢坐在门口享受阳光。即便是在今天，嘉兴本地人家大多也没有采暖设备，老人的居所较为简陋自然也没有，就连儿女给老人买的电热毯老人也舍不得使用。据曹海荣说，老人生活非常节省，每月也就是 1 至 2 度的用电量。看到老人手冻得僵硬，曹海荣为母亲加热了暖手宝给老人，但是老人坚决不用，说：做生活用暖手宝会被人笑话。儿子心疼母亲让母亲暖手，母亲就是不肯，进而母子之间展开了激烈的争吵，老人还是坚决不用，曹海荣也只能作罢。

香头的制作。香头是龙凤花烛最上端的装饰物，由于有个小镜子在当中也叫作照镜。古人认为有了眼睛的东西自然就有了灵性，照镜寓意眼睛能看到世间美好的事物，可以提升花烛的灵性。这也许就是香头存在的道理吧。香头由面积 5 厘米左右见方的镜片与硬纸板黏合在一起，硬纸板较镜子一周向外延伸出 10 厘米左右。由于位置在花烛的最上端，自然更是精致有加。首先，在纸板一周使用有羽毛纹样的木制模具粘沾金粉后浸沾绿色液蜡固定在纸板两侧和上端，然后在镜子的外延一圈和香头的下端均制作具有铜钱纹样的装饰，古钱外圆中方寓意天圆地方，圆象征着平等、包容、和谐，方象征着尊卑有序、松紧有度、远近有别。人在天地之间繁衍生息，一切行为和观念都应该遵循天地之道。所使用的也是木制模具，铜钱纹样是用铜钱造型连续重复出现，其工艺过程与羽毛纹样的制作一样。（图 4-3-39）在香头外围羽毛装饰与铜钱装饰之间还要填充梅花装饰，朵朵梅花沿羽毛装饰与铜钱纹样之间的空间一周排列。梅花模具是选用番薯模具浸沾黄色的液蜡制作而成，在此基础上使用番薯模具在每一朵梅花里制作花心，最后使用萝卜须模具在花心中浸沾黄色液蜡点缀花蕊，从而完成整个梅花的制作。（图 4-3-40）梅花在中国传统文化中的地位很高，清雅俊逸，凌寒傲霜，给人以奋发向上、积极不畏的精神，有"花中之魁"之誉。梅花的五个花瓣代表五德，即快乐、幸运、长寿、顺利、太平。同时，梅花还有四德之说：初生为元，开花为亨，结子为利，成熟为贞。

今天恰好有嘉兴电视台来采访。由于 2010 年曾接受过央视的采访，在此之后龙凤花烛得到了社会的关注，采访拍摄络绎不绝。老人与曹海荣对待采访已经习以为常，但是面对镜头曹海荣还是有所准备。在拍摄的环节曹海荣制作的是龙珠，龙珠在龙烛的位置与牡丹在凤烛的位置大体相当。同时，意义也相似。龙珠是制作在一个直径约 10 厘米大小的圆形硬纸板上的，其造型有些类似花朵，最外延的一圈是使用具有孔雀羽毛纹样的木制模具，粘沾金粉后浸沾红色液蜡有序地排列一圈；里面一圈是使用

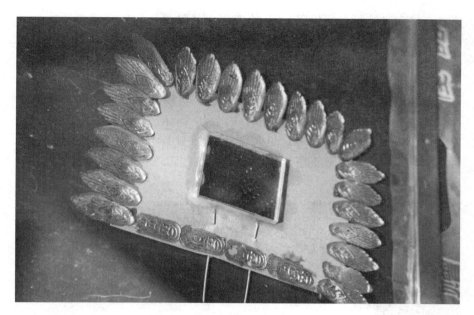

图 4-3-39　照镜

图 4-3-40　香头完成

花瓣型番薯模具浸沾绿色液蜡有序排列一圈；再里面一圈使用同样的番薯

模具浸沾黄色液蜡有序排列一圈；第四层也是最里面一圈使用同样的番薯模具浸沾红色液蜡有序排列一圈；此时的龙珠外形像是一朵五颜六色绽放的花。将金黄色约鹌鹑蛋大小的球状龙珠安装在这朵花的花心处，安装方法是用反复滴蜡的技法将龙珠牢牢固定在花心处；最后是在龙珠的顶端及其四周装点火焰，火焰的制作使用木制模具，将模具浸沾红色液蜡固定在金黄色的龙珠上，火焰装饰除了最上端的一个，在其周边还有六个之多。至此，龙珠的制作完成——五颜六色花瓣加金黄色龙珠加冉冉的火焰。（图 4-3-41）龙珠的造型动感十足，与旁边凤烛上的牡丹花形成较为鲜明的对比。

图 4-3-41 龙珠

为了迎合嘉兴电视台的采访和摄像，曹海荣先期进行了装蜡烛的工作，而这个工作本应该在后期才会进行。将香头、龙珠、牡丹先期装定在红烛上，使采访更具有针对性和内容性。显然，采访和摄像的介入使曹海荣的工作受到了影响，由于制作过于投入忘记了煤球的更换。煤球乏力后锅内的水温开始下降，直接影响到液蜡的融化程度，使制作出现了中断。香头的制作也出现了偏差，使得一对香头的细节装饰并不对称。一系列的瑕疵使曹海荣遭到了母亲的不停责备。由于记者、摄像在场，这场争执没有爆发，曹海荣像个孩子一样恳求母亲不要这样，也一再解释自己是第一次制作龙凤花烛,程国华老人才作罢。

采访工作进行得很顺利。面对记者的提问和镜头,程国华母子都已经是驾轻就熟,我也很难估算母子两人经历了多少次类似的采访。据我所知,早在 2010 年底,央视的《探索发现》栏目曾使用镜头进行过较为详细的采访和记录,并在央视 10 套《手艺》这个栏目中有过近 30 分钟的专题展播。所不同的是,当时的龙凤花烛是由程国华老人完成的。栏目组耗时一周记录拍摄了整个制作过程,由于当时老人年岁已高,制作中屡屡出现失误,程国华像个孩子一样懊悔不已,但最终还是完成了制作。专题节目中的画外音不禁感慨:这也许是最后一对龙凤花烛！ 3 年后的今天,老人的确已经无力再次制作龙凤花烛,但是曹海荣接过了这门手艺,着实让人欣慰。

8. 祥和世界

2014 年 1 月 1 日　周三

今天是 2014 年元旦,从 2013 年 12 月初开始制作龙凤花烛已经整整一个月了,龙凤花烛的主体部分已经完成。接下来的工作就是制作围绕在花烛上的装饰物,这些装饰物的种类很丰富:暗八仙纹样、祥云、佛手、石榴、万年青、和合二仙等,以及龙翔号标识与新塍观音桥标识。

由于制作的是龙凤花烛中的婚烛,所以所使用的叠加装饰大多是与婚庆有关联的饰品,如石榴花、佛手、葫芦、太阳纹、蝴蝶等。在制作时大多粘沾金粉后浸沾红色液蜡或绿色液蜡或黄色液蜡。在中国传统中红色表示喜庆,比如在婚礼上和春节都喜欢用红色来装饰。黄色也是中华民族文化和中华文明的象征,同时也是中华民族的主色调。直至现在,它和红色都是中国民间喜庆时节的主色调。绿色是生命的象征,同时也预示着希望和期待,自然也是民俗喜欢的颜色。以三种颜色为主调的饰品均用木制模具制作,待到与模具脱离后还会在其中央部做上梅花,并用细铁丝在饰品背面与之黏合待用。细铁丝的长度大多 15 厘米以上,便于与花烛柱体订合。

在制作过程中,曹海荣也一一向笔者介绍了留存的模具,以及模具纹样所代表的意义。

暗八仙纹样:以扇子代表汉钟离,以宝剑代表吕洞宾,以葫芦和拐杖代表李铁拐,以阴阳板代表曹国舅,以花篮代表蓝采和,以渔鼓或道情筒和拂尘代表张果老,以笛子代表韩湘子,以荷花或笊篱代表何仙姑。暗八仙纹样始盛于清康熙朝,在民间的流行从整个清代到后来的民国乃至新中国成立后初期。

祥云:祥云是具有中国传统意义的云形,它不仅形象丰富生动,且更具有中国图案独特的意境美,那缤纷流云伴随着神仙、神禽、宝物等,犹如在你眼前呈现一片笙歌悠扬、腾云驾雾的神幻气氛。祥云本身也具有渊源共生、和谐共融、天地自然、人本内在、宽容豁达等吉祥和谐之意。（图 4-3-42）

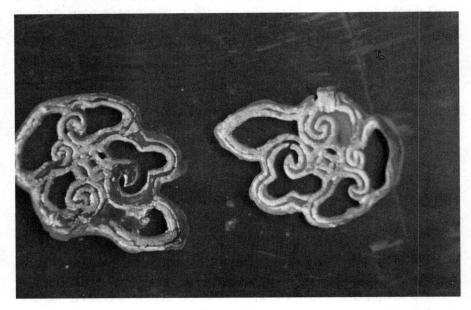

图 4-3-42　祥云装饰

佛手：佛手是植物，因长得像竖起的佛的手而得名。佛手的发音跟"福"相近，并且，佛是智慧、无缘大慈、同体大悲的仁爱象征，因此佛手就成为福的代表。人们渴望能有一双握佛的手、握财宝的手，那样的人生被认为是幸福、吉祥、圆满的。

石榴：中国人视石榴为吉祥物，以为它是多子多福的象征。古人称石榴"千房同膜，千子如一"。民间婚嫁之时，常于新房案头或他处置放切开果皮、露出浆果的石榴，以示吉福。（图 4-3-43）

葫芦：花簇中首推我们前文中提到的菊花，其次就是葫芦了。葫芦是民间最原始的吉祥物之一，人们常挂在门口用来避邪、招宝。上至百岁老翁，下至孩童，见之无不喜爱。每个成熟的葫芦里葫芦籽众多，民间就联想到"子孙万代、繁茂吉祥"；葫芦谐音"护禄""福禄"，加之其本身形态各异，造型优美，无须人工雕琢就会给人以喜气祥和的美感，古人认为它可以驱灾辟邪、祈求幸福、使子孙人丁兴旺。（图 4-3-44）

万年青：万年青外形硕大，枝叶翠绿果实鲜红，非常符合民间红配绿的审美标准。万年青在中国人眼里代表着吉祥如意、家庭富有、国家太平的

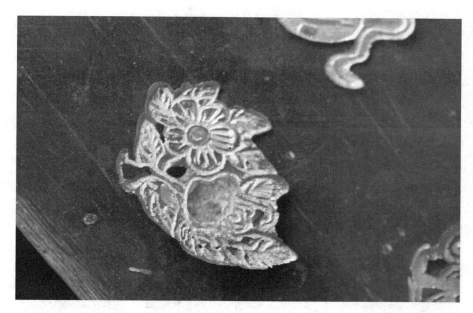

图 4-3-43 石榴装饰

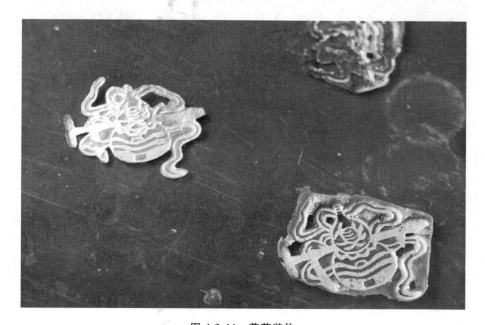

图 4-3-44 葫芦装饰

美好寓意。民间结婚迎娶出嫁等都会在礼堂里布置万年青,寓意婚姻顺利美满、早生贵子延绵子嗣的美好愿望。万年青还常常形容老人,希望他们身体健康、福如东海、寿比南山。万年青终年翠绿常青、生机勃勃,所以一般在老年人的大寿之时儿孙们都会献上一盆万年青以祝愿老人家能够如万年青一般健康和长寿,希望老人身体硬朗。万年青自然成为寿烛上的典型符号。(图 4-3-45)

图 4-3-45　万年青装饰(上有龙翔标识)

水仙花:天然丽质,芬芳清新,素洁优雅,超凡脱俗。在平常人家,水仙更是吉祥美好、纯洁高雅的象征。水仙花能散发出极其香甜的气味,弥漫在迎接新年的家庭里,是人间最清净和美的芬芳。每到年终岁末,人们都喜欢用水仙点缀作为迎春的年花。水仙花在年烛上的出现,也有其美好和雅致的意涵。(图 4-3-46)

双钱结:又称金钱结或双金线结,即以两个古铜钱状相连而得名(图 4-3-47),象征"好事成双"。古时钱又称为泉,与"全"同音,可寓意为"双全"。

太阳纹、回纹:它们象征太阳与云雷共存于天际,这是南方民族对太阳和云雷崇拜的一种反映,是农耕民族对生命与生长的特殊情怀。(图 4-3-48)

和合二仙:在龙凤花烛的婚烛中唯一出现的人物就是和合二仙,可以

图 4-3-46 水仙花实体效果

图 4-3-47 双钱结装饰

说他们是婚烛中最有文化典故的角色,预示着新婚夫妇和和美美,天长地久。此二圣(仙),一持荷花,一捧圆盒。和合二仙,也称为和合之神,原型起先为唐代的万回。到了明末清初,被寒山与拾得二人取代。寒山手捧一盒,拾得手持一荷,谐音取为"和合"。和合二仙也是婚姻之神,多比喻夫妻和谐,鱼水相得。同时中国传统文化中以和为贵,人们希望和合二仙给人带来和合,每个家庭都和合如意、和合美满、永远和合,所谓家和万事兴。(图 4-3-49)

　　和合二仙的制作工艺不同于木制和番薯制模具的制作。首先,用瓷质

图 4-3-48　太阳纹实体效果

图 4-3-49　和合二仙模具

小勺子盛白色液蜡倒入模具中,使液蜡与模具中的纹样充分粘连后,放入冷水中冷却,促使固态蜡与模具自然脱离,再进行微小的修剪蜡模就做好了。和合二仙的蜡模做好后就要上色了。上色用的颜料有点类似油画颜料,但是可以确定不是矿物质原料(成本很高),曹海荣说是蜡厂用的颜料,具体是什么颜料没有确定,用松节油作为稀释剂。在给和合二仙上色的过程中,曹海荣与母亲又一次发生了争吵,国华老人总是说不对不对,而曹海荣也不确定什么地方涂成绿色或红色。国华老人情急之中,直接用笔亲自涂起色来。国华老人虽然很尽力,但看得出已经力不从心,绘制的时候握笔的手总是颤抖,严重影响了人物绘制质量。反复努力完成涂色的细节,如人物的眼睛、眉毛、服装等,都以失败告终。老人只能感叹作罢。由于天色渐晚,曹海荣急着为一家人烧晚饭,一天工作收场。

　　在涂色中有一个很有趣的技法,就是将红色涂在脸部的反面,利用白色蜡的透明性,从正面看上去却很是自然。(图 4-3-50)我统计了和合二仙的涂色,共使用了黑、红、绿三种颜料。

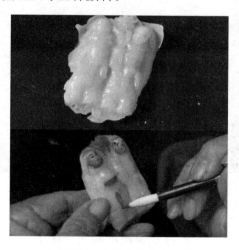

图 4-3-50　涂色中的和合二仙

　　人物的制作自然离不开模具,且人物模具不同于前两个提到过的番薯制和木制,而是陶制。陶制模具的制作工艺是在泥坯上事先雕刻出人物的形象后烧制而成,龙凤花烛中的人物模具最为丰富:玉皇、王母、姜太公、周文王、玄奘、孙悟空、猪八戒、沙僧,八仙,和合二仙,福、禄、寿,三国中刘关张、姜维、赵云、阿斗、诸葛孔明、曹操,刘海戏金蟾,哪吒,麒麟送子,招财利市(图 4-3-51),《杨家将》中杨宗保、穆桂英、杨四郎(四郎探母)《文昭关》中人物,等等。由于曹海荣的父亲曹时豪在20世纪80年代去世,同时也带走了龙凤花烛的很多制作技巧和记忆,今天的程国华和曹海荣母子已经认不全近百只人物模具中的具体人物姓名了,但是出于文化的自觉和对自家这门技艺的坚守,曹海荣将这些陶制模具保护得很好,而且陶制模具相对木制模具更便于保存,这些陶制模具虽然大多已经百岁以上,但看上去仍然很完整细腻。特别是一组八仙人物的陶制模具,看上去要比其他的模具新出许多,也大出许多,经曹海荣告知,这一套八仙模具是专门为当时上海滩大佬黄金荣大寿时制作寿烛所使用的,也难怪比其他的人物要新,因为只用过一次。

图 4-3-51　招财利市

龙翔号标识以及新塍观音桥标识:新塍观音桥龙翔号的标识仍然是百年前的模样,也许是时空的跨度和距离感所产生的美感,或者是原初设计的朴实无华,即便是今天看来仍然极具美感。(图4-3-52)百年前的民间手艺人已经有了品牌意识,今天我们看到的百年老字号如泥人张(泥人)、内联升(布鞋)等,是中国众多民间艺人品牌遗存的"幸运儿",而更多无法统计的民艺品牌大多已经遗失,或者是名存实亡。仅嘉兴一地,清代初期就有记载新塍镇张鸣岐制的薰炉"张铜炉"、梅里镇精美的织锦"嘉绫"等,而今天这些往日的字号已无踪影。作为嘉兴众所周知的老字号五芳斋,笔者认为其从某种意义上已经名存实亡。五芳斋为了适应社会的节奏开始向高效率、快餐化转变,那种传统中的慢选料(精选)、慢包裹(用心)、慢火煮

（粽香）、慢饮食（很烫），已经被快速高效的流水线和被人剥开后食用所代替。今天五芳斋的粽子已经脱离了中国文化中的"慢"这一精髓基因，就连各个连锁店面的装修也已经脱离了其应有的文化格调和快餐店类同，相比之下，绍兴的咸亨酒店其文化格调就要好出许多。人们来此更多的是体验一种传统的地域文化而绝非快餐文化。

图 4-3-52　龙翔号标识

9. 装订

2014 年 1 月 5 日　周日　晴

今天当我再次看到和合二仙的时候，涂色工作已经完成。由于完成了涂色工作，和合二仙要比原初纯白色的蜡模来得生动、光鲜。（图 4-3-53）龙凤花烛的制作已经接近尾声，今天的工作应该是装花烛。装花烛，顾名思义就是将香头、龙珠、牡丹、和合二仙、小蝴蝶以及近 40 个吉祥纹样图（图 4-3-54、图 4-3-55）和标识装订在花烛的柱体上。装订的方法是有讲究的。在色彩方面，要求红、黄、绿交替摆列；在层次方面，要求将龙凤花烛合并时出现左右两层、中间两层的效果，共计六层，而且整个外形要求呈柱状围绕在蜡烛柱体周围。装订花烛要使用到小钳子，以便捏紧细铁丝定装在红烛上，所以整个过程不仅要兼顾到花烛的美观与饱满，还要有些力道。

今天曹海荣定了一张餐桌，前一张太小仅够三个人用。现在儿媳已经搬到曹家同住，换一张餐桌势在必行。装订花烛时有电话打来说餐桌已经

图 4-3-53　完成后的和合二仙

图 4-3-54　众多吉祥物饰品

图 4-3-55 吉祥纹样

送到，曹海荣放下手中的工作上五楼接收。看到儿子离去，程国华老人也离开自己的座椅慢慢走到工作台前，拿起尖嘴钳子试图进行装订。老人颤巍巍的手势着实让笔者为她捏把汗，因为所有的装饰物件均是蜡制，极易破损，而破损后又无法修复，但笔者又不好上前阻挠，只好看着老人拿起尖嘴钳子装订花烛。老人试图将一个花簇装订在花烛上，很明显老人的力道和眼力已经不济，反复努力细铁丝已经弯曲变形还是装订不上。无奈老人又尝试一个石榴花造型，却不小心将其一角碰裂后脱落。笔者在一旁紧张且惋惜，担心老人不停地这样做下去，会对快要完工的龙凤花烛造成伤害，也惋惜老人心有余而力不足，再也无法制作龙凤花烛了。作为伴随老人一生的物品，龙凤花烛曾经是老人生计的保障，更是承载家族脉络的见证和思念亲人的依托。时间跨越一个多世纪，传承四代人，每代人都以同样的材料、技艺、工具、手法、色彩完成同一个东西——龙凤花烛。当一代中最后一个传承人突然发现自己再也无力制作龙凤花烛的时候，她的心里是何种滋味，我们也只能通过她的神态和表情去洞察（图 4-3-56）。

图 4-3-56　程国华老人试图装订花烛

10. 手工艺的生命力

2014 年 1 月 22 日　周三　晴

再过不到半个月，就是阴历马年春节了，今天去拜访程国华老人，是为了了结笔者的一个心愿。经过一个多月的坚持不懈，曹海荣的第一对龙凤花烛终于问世了。（图 4-3-57）当然，这对花烛也源于笔者，也许是巧合，这对花烛也见证了曹海荣这一代制作龙凤花烛的开始，以及程国华一代的有心无力，标志这门技艺的交接和传承。为了表示心意，笔者决定个人拿出些钱作为老人和曹海荣的劳务费，或是过年年礼，或是对这对龙凤花烛的求购，是这次拜访老人的心愿。令笔者想不到的是，曹海荣和老人坚决不肯收，并且执意将这对龙凤花烛送给笔者。这让笔者很难接受。正逢嘉兴学院设计学院非物质文化基地成立，且展厅正在装修阶段，笔者有意将龙凤花烛请至学院展厅，就与曹海荣商定待学校展厅装修完毕再来请这对龙凤花烛。曹海荣欣然同意。在这次调研过程中，非常感谢程国华老人和曹海荣先生的无私，面对镜头和笔者，他们没有丝毫回避与保留，而更多地表现出对龙凤花烛现状的无奈。传统手艺的存在首先取决于此项手工艺品作为商品的市场地位，此商品若在市场上供不应求，该商品与之相关联的手工艺人就会增多，手艺也会随之精湛，龙凤花烛在繁荣期时就连上海大佬黄金荣也会差人到新塍购买寿烛；反而当手艺与之相关联的商品在市场上进入瓶颈期或者衰亡期，这种商品和与之相关联的手艺就会出现萎缩甚至消亡,今天的龙凤花烛就处于这个尴尬的阶段。政府与社会的关注和扶植在商品化、市场化的今天,也显得力不从心。

图 4-3-57　龙凤花烛完成

在文章撰写过程中,我越来越体会到民间艺人创作过程与艺术生命之间的连环性和循环性。龙凤花烛维系着一种理想,让人们看到民间与她源出于此的世界之间的鲜活关系。我认为龙凤花烛艺术作品不但具有形式上的多变性和连环性,而且也在内容上压缩了带有梦想特色的创作潜能。这种对美好、理想的艺术表演,再现了无形与有形、无限与有限、无象与有象、柔性与顽强之间千变万化的交错图像,成为艺术创作永无止境的强大动力。

我们应该记住当下中国艺术文化中变化最小、最缓慢、最难维系、最值得抢救的表现状态就是民间习俗、民间文化和民间艺术,这些由植物、动物、人物、符号所构成的精神植被是一种集体无意识或是隐性的语境,在不被历史记录状态下借助族群记忆的图形纹样符号表述民俗事象,竟大多由不知名的民间艺人在漫长的时空内滋润着社会生活,顽强无声息地流淌到今天,这也许就是民间艺术生命力的所在吧!

11. 儿女都来了

2014 年 2 月 8 日　周六

今天是阴历马年第一次拜访程国华老人,与往常不一样的是,航海路159 号的门是闭着的。知道我来后,曹海荣先生从门里出来告诉我,老人最近经常容易糊涂,大小便搞在了床上。进门看到,大女儿正在帮着清洗衣裤和床单,小儿子(曹海明)在一旁踱步。寒暄中得知:大女儿曹鑫玲今年67 岁,早年与丈夫离婚,现与女儿一家居住,生活较为优越。二女儿曹丽玲1956 年生人,现在也定居在嘉兴。小儿子曹海明今年 50 岁,钣金工出身,眼前这个短小精干的中年人真让人难以相信:百来斤的实木家具一口气能扛上六楼,早年做生意,凌晨只身骑人力三轮车从嘉兴到湖州进货,极其勤奋努力地工作也为自己换回了一套楼上楼下的营业用房。程国华老人听到外面有客人,从卧室里走出来。老人气色看上去不错,与我闲聊中谈起:"钱多钱少、吃好吃坏都没关系,心情最重要! 心情好了,一切都会好起来的。"老人身体不适的时候,儿女大多会来探望,让人欣慰。但是,老人的身体不免让人担忧,曹海荣和我说起老人年岁大了,身体时好时坏。本想将老人送养老院,但是国华老人执意不去也只能作罢。老人坚持一个人住的原因无非还是这样离子女近一些,能够时不时看到孩子们,可以和子女多说些话。

12. 曹海荣口述家史
2014 年 2 月 28 日　周五

作为上次拜访的回应,曹海荣邀我在其家喝茶聊天,聊天的内容自然也是与龙凤花烛有关联,现将内容进行整理实录。

程寿琪作为程氏家族的族长,娶郑氏为妻。郑官房系郑姓家族为官(教育部门)时期建筑群。此建筑群至今在新塍仍有遗存,即在新塍镇西北大街石槛弄的郑氏老宅建筑群。今天的郑官房已经难寻郑姓人家,建筑也年久失修、破旧不堪且大多由外来务工者居住,大概是租金便宜吧。(图 4-3-58)

图 4-3-58　郑官房

程佣仪系程寿琪与郑氏之子，由于当时家境较为殷厚，程佣仪受到较为先进的教育，思想进步，早年就参加革命，在杭州地区发动农民起义，曾一度在杭州被捕。后来，通过组织和家族的运作得以释放。程佣仪25岁时闻讯舅舅去世，从杭州返回新塍奔丧途中得瘟疫不幸去世。我听到这里不免产生些疑问，杭州到嘉兴新塍距离不过百公里，即便在1934年的民国走水路最多不出一天就可以抵达，仅仅一天时间就染病身亡，很蹊跷。据曹海明回忆父辈曾说是得了霍乱（能在数小时内造成腹泻脱水甚至死亡）。即便这种说法成立也不免给人很多疑问。由于程佣仪是以"地下"方式从事革命工作，很多证明身份的证据已经没有下落。半个多世纪后的今天想要确定程佣仪的身份更是难上加难。据曹海荣回忆，20世纪八九十年代，曾经有政府工作人员来到程家询问和查找程佣仪身份的相关证据，由于证据无从查找而作罢。曹海荣也做过相关努力，由于同样原因而作罢。所以至今程佣仪的死因与身份的确定仍然是无从考证。（图4-3-59）。

图 4-3-59 　程佣仪

1940年程国华的母亲去世，程寿琪与年仅9岁的孙女程国华相依为命。制作龙凤花烛的龙翔花烛店是他们的家，也是他们的生活来源。到了程国华谈婚论嫁的年纪，程寿琪为孙女挑选了合作商店的营业员曹时豪。曹时豪是1922年生人，家境很是贫寒，7岁就开始外出打工，此人吃苦耐劳、聪明好学，曾在龙翔号里帮工。程家看中了小伙子的坚韧、勤奋、聪慧、精明的品质。曹时豪以入赘的形式来到了程家。果然如程寿琪所愿，此人聪明能干，不仅学会了龙凤花烛的制作技艺，继承了程寿琪的手艺，而且在花烛生意清闲时节制作猪油糖和猪油糕点来补贴一家的生活。笔者在2015年初到新塍调研时还有幸品尝到了猪油糖糕。程国华与曹时豪共养育了四个子女,据曹海荣追忆:父亲 1989 年去世前一直制作龙凤花烛,且当时有一位叫吴昌豪的商人常年来新塍收购龙凤花烛贩卖到湖州方向。可以推断,当时以曹时豪为代表的龙翔号已经开始以批发的形式出售龙凤花烛,这是从定制零售到成批量出售很关键的一步。可以说,曹时豪为龙凤花烛的发展做出了自己的贡献。

从曹海荣的口述中,我们可以推断出曹时豪是一位十分精明能干的人,从为孩子裁剪制作服装到制作猪油糖,再到最后的龙凤花烛样样精到,在维持一家六口人生计的同时还有盈余。即便在临终前还将番薯模具制作的手艺教给还在身边的二儿子曹海明,可见老人的用心良苦。

当谈到寿烛(龙凤花烛的一种)的时候,曹海荣不无感慨地讲述了这样的亲身经历:当时曹海荣刚参加工作,父亲曹时豪为这位领导精心制作了一对寿烛。寿烛做好后,曹时豪将寿烛包装好。由于龙凤花烛堆砌装饰烦琐,其包装非常重要也很有技巧性,在运输的过程中也只能选择水运或人双手捧着,否则极易损坏。当包装好的寿烛到曹海荣手上时,曹海荣很想打开包装看个究竟,然而担心开封包装很难再恢复原样,也只能作罢。事后证明,曹海荣错过了最后也是唯一一次看到父亲制作的寿烛的机会。据说,这位领导过生日当天,人们相互传告,很多人来看这对寿烛,领导脸面也自然光彩许多。

第五章　承前启后

——龙凤花烛的现代转型

一、遭遇大山

龙凤花烛作为一种江南地域性文化产品和文化消费,在 20 世纪 80 年代之前,一直在嘉兴地区流行同时辐射苏州、上海、杭州、湖州,其中以嘉兴新塍观音桥一带的龙翔号花烛店最为盛名。随着改革开放以及西方强势文化的侵蚀,龙凤花烛正遭遇前所未有的冲击。传承人面对着自身的局限性、产品品种的式微,特别是被市场冷落等问题。当然,依靠传承人自身去解决诸多问题是不现实的。笔者数年来接触到很多关注和喜爱龙凤花烛的文化人,他们对龙凤花烛提出了很多好的建议和看法,然而苦于没有专人去进行落实而作罢。在此,笔者呼吁可否由政府执行层面的机构拿出专项资金来支持这一转型的落实。全民的文化自觉,特别是当代文化人的文化自觉,通过各自所拥有的资源如现代市场理念、现代设计教育、现代旅游文化等为龙凤花烛共同提供给养,特别是政府执行层面的专项支持,才能使其跨越目前这座"大山",实现传承与创新的现代转型。

龙凤花烛作为嘉兴市级非物质文化遗产正遭遇着全球化、现代化、市场化前所未有的冲击。百年来,嘉兴新塍观音桥一带龙翔花烛店里的龙凤花烛代代相传,平稳有序。而如今的境况却似遇到了拦腰一击,一种从未遇到过的困境摆在我们面前:一方面龙凤花烛的传承人、技艺、模具和花烛种类在不知不觉中随时间萎缩或衰亡,没有人拿出有效的方法去挽救和保护,或者说没有人去落实这些具体工作;另一方面为了生存,龙凤花烛传承人及其家属(包括文化自觉的友人)拼命将龙凤花烛推向现代市场,却又手忙脚乱、莫衷一是,传承人及其家属只能谋求其他生计,使得龙凤花烛更加边缘化。龙凤花烛及其传承人在现代商品社会找不到自己位置,遭到市场无情的拒绝。而这又是社会与文明转型期间必然出现的现象,中国社会由农耕文明向工业文明的转型是社会发展的必然趋势,但在中国,从新中国成立之初的贫穷落后（属于农耕社会）到后来"文革"再到改革转得太快太猛，甚至是猝不及防，民众没有文化自觉时间上的过渡与反思，势必会对传统文化造成负面的影响——伤害。人类文明的进程，一要更新，二要传承。如果只更新，没有传承，文明就会中断，直接后果就是消亡或替代。没有传承，更新本身也会成为无根之木，长不高大。这或许是社会现代化进程中的自然更替，它会给人带来感伤和无奈。如何顺应当下时代特征，实现龙凤花烛的现代转型或是有效替代，是摆在我们眼前的问题和难题。类似龙凤花烛的民间手艺在全国各地还有许多，它们毕竟是我们传统文化的机体，当这些鲜活的机体萎缩、被替代、被植入，或是干脆消亡，那我们民族文化又是什么呢？我们民族又将会走向何处呢？

二、传承要素

为什么说龙凤花烛的时代转型是个重要话题？因为它在两难之间。一方面它面临社会生活的急速转变。当下从社会结构到人们的生活方式再到审美观念都在改变，当然这是历史的浪潮，也是自然规律。作为喜庆时节具有丰富的文化内涵和美学价值的龙凤花烛，就必须适应这种转变。另一方面是怎么变？变什么？笔者个人很是欣赏谭盾先生对中国传统音乐的传承方式，将深邃的传统音乐文化进行国际化整合，可参考电影《卧虎藏龙》中的配乐。然而面对众多且品种各异的民间手艺单独个体，哪些能变哪些不能变？这都没有先例和范例。我们必须考虑龙凤花烛的核心价值。在这里我们不如用减法的方式看看哪些是不可或缺的。

图 5-2-1　龙凤花烛

1. 理想主义

首先龙凤花烛所呈现的内容是理想主义。主要表现人们喜庆时节（婚庆、过年、做寿、添丁、乔迁等）的生活理想与精神理想，具有浪漫主义色彩成分的同时也起到寓教于乐的功效。进而可以说龙凤花烛不是现实和写实的艺术，属于较为典型的嘉兴地区民间民俗的艺术形式。（图 5-2-1）

2. 祥和

龙凤花烛的核心价值观是祥和。祥和是自然、社会、信仰与人间一种普遍协调的境界。它包括人与人的和谐,人与社会的融和,人对信仰的虔诚,人与自然的"天人合一"。最后的落脚点是人对自身的节制和正能量的传播,以谋求一个永久祥和的世界。民间文化离不开团圆、祥和、平安和富裕这些概念,这同样也是民俗艺术的终极追求,是中国传统民间文化亘古不变的主题。(图 5-2-2)

图 5-2-2　牡丹象征富贵团圆

3. 审美体验

龙凤花烛具有其独特的审美体系。这是理想主义和浪漫主义的艺术,在表达方式上是情感化和戏剧化的,当我们详尽了解了龙凤花烛中所使用过的模具造型后,会发现这是一个神仙的世界,囊括了佛家、道家、儒家、民间文学和戏曲中的传奇人物,共同营造出庞大的神仙阵容。民间百姓不会考证神仙的出处与演变,只要是于自身有利的神仙就虔诚信奉,如财神(招财、利市)、禄神、送子神仙等;手段上主要采用象征、夸张、寓教等,我们鉴别神仙的名称时,总是以其所拿的器物(神器)为标准。符号化和图案化(佛教的八吉祥、道教的暗八仙)也是其重要特征之一。在色彩上持其民俗中淳朴的红、绿、蓝、金、银等,加之广泛使用与语言相关的谐音图像(蝴蝶、蝙蝠等）。这是龙凤花烛最具文化内涵与审美趣味的方式。

4. 地域性

龙凤花烛是在其封闭的环境中渐渐形成的。这是一个与北方文化风格完全不同的江南文化，马家浜文化（嘉兴境内）作为江南文化的始源，纤巧、精美、灵动、温润、含蓄、母性等地域特征在龙凤花烛上表现得淋漓尽致。嘉兴作为母体地域中独特历史、人文、自然条件，致使龙凤花烛具有独特的表现题材、艺术方式与审美形态。在全球化时代的今天，特别是在机器生产背景下众多产品严重同质化的情形下，这种具有地域个性鲜明的民艺品，便成了独有的文化现象和文化财富。

5. 手工

还有一个点不能或缺：龙凤花烛是手工的。手是人类最为直接有效的工具，与冰冷的机器工具不同，手连通着血脉、心的跳动的同时也连通着情感。当触碰到那传承百年乃至由厚厚包浆包裹着的模具时，能够体验到这是有生命的器物，它凝结了太多与生命相关的灵气。手工是一种身体行为，也是人的情感和生命行为。由制作时使用的模具，到整个制作过程中的手与模具与蜡绝妙协作，再到最后的组装和成品。制作中所体现的手工艺处处直接体现着龙翔号花烛店里艺人对生活、生命、信仰、情感的态度和理解，同时也是嘉兴地区民间集体意识的典型体现。（图 5-2-3、图 5-2-4）这是精密机器制作无法达到的境界。所

图 5-2-3　手艺的传承

以说一旦人类进入工业化时代，手工技能其本身就是一种重要的遗产了。

以上五点应该是龙凤花烛的遗传基因，是必须保留而不能或缺或更改的。一旦缺失就会陷入同质化的境地，其珍贵的艺术生命力也会随之丧失。如果龙凤花烛不再是理想主义的、浪漫色彩的、非手工的，不再拥有纤巧、精致、婉约、温润的江南母性审美形态和嘉兴地域个性，传承百年的龙凤花烛也就没有了。

图 5-2-4　不该消失的手艺

三、现代转型

　　洞房花烛夜、金榜题名时、他乡遇故知是中国人所认为的人生中三大喜事,而花烛则是这人生大喜之时的重要道具与精神寄托,在中国传统民俗生活场景中是不可或缺的。龙翔号第三代传承人程国华老人曾经严肃地告诉采访者:先前年轻男女婚嫁的时候,如果没有龙凤花烛就不算是合法夫妻。可见龙凤花烛在当时的民俗地位,在婚庆时节的民俗生活中是不可或缺的。由于中国社会的快速更替,从半殖民地半封建社会到新中国成立初期的辛勤生产,到十年浩劫再到后来的改革开放,直至今天的深化改革,民间百姓生活发生了剧烈的变革,遗憾的是我们没有文化自觉的过渡时间,民间宝贵的传统文化财富随之大量流失,文化传承也随即断裂。传统的龙凤花烛已经脱离了现代生活,在现代完全西化的婚庆方式中已无用武之地。作为文化人,文化的自觉提醒我们不能接受自己身边的传统文化就此萎缩直至消亡。龙凤花烛的现代转型是必然,民间手艺的艺术生命力就在于创新,特别是对于目前境况的龙凤花烛来讲。如何转变、转变成什么样子? 如果转变得面目全非,非土非洋,也就失去了自我。这就将会形成另一种在市场上的迷失后的消亡。

1. 还原在生活中的地位

龙凤花烛与婚庆、过年、大寿等喜庆时节的联系是历史的传承和积淀，特别是在与婚庆的结合上，这种关联性更为强烈。据曹海荣（龙翔号第四代传承人）说，以前很多人慕名来到新塍购买龙凤花烛，这种情形一直持续到 20 世纪 80 年代。但是自程氏家族搬迁到嘉兴后，特别是曹时豪（程国华的丈夫，也是龙翔号第二代传承人）去世后，龙凤花烛的维系变得越发困难了。求购者因无从寻觅也只能作罢。如何还原龙凤花烛在民间百姓生活中的地位和职能，特别是以婚庆为突破口，增强人们对龙凤花烛的认知度是时代转变的关键之一。2013 年初冬，曾有一对新人来到程国华老人的住处，在老人的帮助下亲手为自己的大婚制作了一对龙凤花烛。（图 5-3-1）这就是一个很积极的信号，只有 80 后、90 后产生文化自觉，将中国传统文化形式纳入自己的日常生活中去，还原龙凤花烛在日常生活中的地位，才是对传统文化真正意义上的传承。

图 5-3-1　程国华老人为新人制作的龙凤花烛

2. 与现代市场理念相结合

注重市场化推广中的合作和品牌形象的塑造。也就是说，能在市场中赚到钱，有了自身的造血机能，才是维系下去的基础。创新与继承是龙凤花烛维系与发展的关键。从现代社会角度注入时尚元素,以深邃的中国传统文化为源泉加入时尚元素,使其具备更强大的艺术生命力。好莱坞大片《功夫熊猫》的成功就是一个典范,我们感叹其创造票房奇迹的同时,不禁感慨这些美国人对中国文化的洞察与把脉,特别是在将中国文化元素与西方理念的整合方面让人折服,使中国文化以一种崭新形式展现给世人。

（1）现代品牌理念注入

从现代文化消费角度注入品牌理念。自明清以来,江南地区的城镇大量涌现,嘉兴一地的新塍、王江泾、枫泾、濮院、盛泽、斜塘等,代表了我国城镇发展的较高水平。即便在今天,这些城镇不仅是财富的宝地,也是人文的渊薮,城镇市民的文化消费也变得水到渠成,可以说已经成为传统。龙凤花烛的出现与兴盛也是迎合了这种传统。正是有了这些先决条件的存在,嘉兴地区的文化自觉也会较快过渡和形成,龙凤花烛再次成为文化消费产品应该是件自然的事情。

（2）时尚元素的注入

从现代价值观角度注入新的符号元素等,从而激活龙凤花烛市场机能,使其焕发新的生命力。今天的中国经济取得了前所未有的发展,人民物质生活得到很大改善。然而物质文明发展了,人文却失落了,人们面临许多生存危机:人与人关系冷漠紧张、自然环境恶化、能源匮乏、道德滑坡、信仰失落。今天的我们已经习惯以理性的态度和工具性的成果作为衡量人价值的唯一标准,这迫使我们不断追赶能用的数据和实物来体现自我价值,只要能达到和完成这一"唯一标准",我们不太会顾及其手段的可行性,尤其是人文价值。这种价值失衡,必然导致价值的单一化,导致当今社会各种各样造假事件层出不穷,几乎渗透到社会的各个领域。嘉兴作为江南文化精神生产方式上的典范,江南文化生产主体"日常生活的审美化"和"审美活动的日常化"生产方式,造就了江南文化精神上细腻精美的审美化、艺术化特征。这与江南文化之源女性地位优越性的精致追求相契合。从某种意义上说,现代价值观的塑造是对中国传统价值观的扬弃和复兴,弘扬其地域文化中最基本、最普遍、最理想的价值观,将之还原到日常生活、行为中。

（3）文化的自觉

由于中国的转型过程过快,从"文革"到"改革",从计划到市场,从新中国成立初期以农耕为基础的一穷二白快速跨越到现代化社会,民众在文化自觉方面缺乏过渡期。文化人特别是当代文化人应当坚守文化的前沿,保持先觉,主动承担;同时还要有国家的文化自觉,国家要有文化的使命感,还要有清晰的时代性的文化方略,只有国家在文化上自觉,社会文明才有保障。当然,国家的文化自觉关键还要靠政府执行层面的自觉,政府执行层面应真正认识到文化的社会意义,文化是精神事业而非经济手段,并按照文化的规律去做文化的事,避免撕裂性的保护。当我们走进嘉兴灶头画展馆,不免发现原本生活化的灶头画被孤立在刚粉刷的白墙上;龙翔号中的制作模具也被放进了展柜中,又陷入了一种保护性的撕裂。只有将民间艺术还原到实际生活中,文化自觉才能真正得以实施与实现。文化自觉最终目的是要达到整个社会与全民的文化自觉。只有全民在文化上自觉,社会文明才能逐步提高,放出光彩。

(4)与现代设计教育的结合

在强调龙凤花烛传统手工艺传承作坊体制重要性的同时,多渠道发展龙凤花烛传统手工艺技艺传承形式也是重要环节。应重视传统手工艺人和当代设计院校、设计人员的实践合作。设计院校师生参与得越多,龙凤花烛的传承就越有希望。艺术设计院校如果能与地方民间美术相结合,可增强学生对地域性文化的洞察,感悟民间艺术的博大。能够体验和感悟民间艺术之美是培育艺术设计人才的重要环节,景德镇陶瓷学院就是很好的例子,它利用了得天独厚的民间资源,做到学校育人与地方产业互通互融以达到双赢。与此同时,民间艺术也迫切需要这股新鲜血液的注入,以保持其旺盛生命力。这种形式应该是一个双赢的格局。在数字化的今天,中国设计师走向世界除了凭借数字化、信息化等科技手段,更需要底蕴,而这种底蕴来自民间艺术、民间智慧。

(5)与旅游文化的结合

旅游纪念品的最大特点与价值,就是只有在旅游当地可以买到,到了其他地方就绝对买不到。龙凤花烛的地域性是显而易见的,没有江南文化与嘉兴水文化的底蕴和衬托,龙凤花烛就缺失了生存的母体。就这一点说,龙凤花烛最能成为嘉兴旅游纪念品,这是毋庸置疑的,它所代表的地域性和在喜庆时节所营造出的祥和、吉利、富贵和理想氛围,是其他物品无法替代的。当然,龙凤花烛的不便携带性和包装过于烦琐,从某种程度上对其作为旅游纪念品有一定的阻碍,但是我们可以从其他角度去进行思考,对其进行拆卸与组装等便携式的设想和实施。

四、小结

上述提及的几方面,有个关键问题是,谁来做?当然,龙凤花烛传承人程国华及其儿子曹海荣是主角。然而,把所有难题都放在程氏母子身上显然是不行的。更何况程国华老人已经年高体弱，无法从事龙凤花烛的制作，儿子曹海荣只是部分继承了制作技法。但就目前的情形看，嘉兴人对龙凤花烛认知度不高，不要说有人来订购，就连听说者也寥寥。加之，曹海荣虽然部分继承了龙凤花烛的制作技法，但其家境一般，夫妻二人均经历下岗分流，目前收入微薄。依靠制作龙凤花烛做生活显然是行不通的。这在某种程度上限制了曹海荣在龙凤花烛上的热情和积极性。如何为程氏母子打开思路、排难解忧，实现龙凤花烛的时代转型？建言献策上，应该首推文化人（包括：文化学、美术学、设计学、民俗学、品牌策划、市场推广以及旅游方面等行家）出手援助，包括学习这些专业的学生要主动承担。促使嘉兴地域性民艺品——龙凤花烛实现当代转型是我们这些文化人的时代使命，面对这次转型，我们大家一个也不能缺席，还要一起努力来克服种种困难，让这朵嘉兴民间奇葩开放到未来。

参考文献

[1]陈寿.三国志[M].杨耀坤,揭克伦校注.成都:巴蜀书社,2013.

[2]段鹏琦,杜玉生,肖淮雁,等.汉魏洛阳城北魏建春门遗址的发掘[J].考古,1988(09).

[3]范祖述.杭俗遗风[M].上海:上海文艺出版社,1989.

[4]李伯重.多视角看江南经济史[M].北京:生活·读书·新知三联书店,2003:462,499.

[5]马家敏.姜尚故里考[J].学术界,2001(6).

[6]潘鲁生.民间手工艺的知识产权保护与文化传承[J].传承,2012(07):58—60.

[7]沈利华."福禄寿"三星与中国传统社会价值取向[J].古典文学知识,2006(6).

[8]孙逊,裴宏江.明清江南城镇的兴盛及其文化辐射功能:以《鸳鸯湖棹歌》的唱和为考察中心[J].学术界,2012(3).

[9]王家范.明清江南市镇结构及历史价值初探[J].华东师范大学学报(哲学社会科学版),1984(1).

[10]张兴龙.从起源角度看江南文化精神[J].江南大学学报(人文社会科学版),2008,7(06).

后　记

从 2012 年冬天开始关注龙凤花烛，到今天文字稿件的撰写，已经过去 3 年了。从调研到文稿撰写也经历了 2 年时间，其间对龙凤花烛乃至中国民间手工艺现状都有过关注与省思。前两天有幸与袁培德先生（嘉兴日报社资深摄影记者）谈及此类话题，袁先生曾经历时两年半徒步沿京杭大运河用镜头记录沿岸民间手工艺。"能拍张照片，就是一种保护。"这就是袁先生的感慨。

面对龙凤花烛传承与创新等诸多问题，笔者深感已力之微薄。此稿的完成，对于传承百年的龙凤花烛的整理、传递、保护、传承、创新等具体工作仅仅是迈出了第一步，后续的工作不仅仅是关注、探讨，更重要的是执行和落实。也只有我们这代人能够沉下心来，踏踏实实地为中国传统文化的载体做些具体事宜，才会觉察到对待这些传统文化载体的保护、传承和创新，并不能一蹴而就，或是停留在口号上，或是作为文人的谈资。它是一个系统工程，可能需要几代人的呵护与维系。与其说我们在维系着一个（或一种）文化载体，不如说是在维系理想，一种几千年来中华民族所共同编织的理想。

在此感谢我的妻子和宝贝女儿在撰写期间对我的宽容和忍让，以及程国华老人与曹海荣先生的无私帮助；同时还要感谢陈慧女士的图片支持和郭静同学在软件方面提供的帮助；最后，感谢我最尊重的袁献民教授为此书作序。

笔者 2015 年 5 月 13 日于嘉兴秀水